Couverture : Paysanne africaine et son enfant. Pensionnaire d'une maison de retraite à Pékin (Chine).
Page 1 : Réunion de jeunes mères dans un centre de planning familial en Gambie.
Page 3 : Enfant chinois sur le dos de sa grand-mère.
Page 4-5 : Immeubles de Kowloon, en face de Hongkong.

PETITE ENCYCLOPÉDIE

LAROUSSE

Direction éditoriale
Jules Chancel et
Véronique Tahon

Conception graphique et couverture
Jean-Yves Grall

Mise en page
Carlos Sanchez/ATE

Illustrations
Cartographie
Légendes Cartographie
Recherche iconographique
Bridgett Noizeux

Relecture et correction
Annick Valade
assistée de Édith Zha

Fabrication
Martine Toudert

Photogravure
Dupont

Remerciements à
Marie-Lise Cuq
et à Michel Durand

ISBN : 2-03-582571-7
Dépôt légal : mai 2006

Catherine Rollet

La population du monde

6,5 milliards, et demain ?

PETITE ENCYCLOPÉDIE
LAROUSSE

Sommaire

Avant-propos

Les chiffres concernant la population donnent parfois le vertige, surtout lorsqu'on regarde l'évolution depuis deux siècles. Plus d'un chef d'État s'est inquiété de la vitesse prise par l'accroissement démographique, alors que pendant longtemps la population semblait comme endormie dans un régime qui ne connaissait que des augmentations faibles et irrégulières. Était-on entré dans une course effrénée entre population et subsistances et le monde deviendrait-il bien vite submergé par sa propre population ? Il est vrai que l'on ne peut qu'être saisi par certains chiffres qui alimentent périodiquement les journaux : la population mondiale est passée de 1 à 6,5 milliards en moins de deux siècles ; certains pays, parmi les plus pauvres, s'accroissent à un rythme dépassant 3 % par an, ce qui représente un doublement de la population tous les 23 ans ; la population de la Chine dépasse aujourd'hui 1 milliard 300 millions d'habitants... Est-ce à dire que les hommes sont loin d'avoir réussi à contrôler leur démographie ? On doit relativiser ce constat et ce livre a précisément pour objet de montrer la complexité des phénomènes en cours qui permettent de comprendre, sinon de toujours expliquer, les tendances démographiques profondes d'aujourd'hui et de demain.

Ce livre s'appuie sur les enseignements du passé, lointain et proche, de façon à mieux envisager l'avenir. En élargissant notre regard à l'échelle de l'histoire de l'humanité, on est amené à envisager les deux derniers siècles comme un phénomène transitoire, comme le monde en a déjà connu depuis ses origines. Certes, on peut parler d'accélération démographique sous l'effet des progrès sanitaires, mais l'humanité a déjà fait des bonds en avant formidables à des époques très reculées. C'est surtout l'échelle qui a changé. Par ailleurs, après ces périodes d'accélération, la population humaine s'est toujours équilibrée à un certain niveau. Or, les démographes disposent des outils théoriques et statistiques permettant d'avancer l'idée que, là encore, la population du monde devrait se stabiliser d'ici un siècle. Bien entendu, il reste de grandes incertitudes, notamment sur l'émergence de nouvelles maladies comme le sida ou sur la régulation des naissances dans certains pays d'Afrique sub-tropicale. Mais l'on sait d'ores et déjà que le maximum de l'accroissement démographique de la population mondiale a été atteint au cours de la décennie 1960. Depuis, cet accroissement a baissé. En fait, ce futur dépend aussi de la capacité des hommes à réguler de façon plus juste les flux des échanges économiques, à établir les bases de relations pacifiées entre les États. La démographie n'est qu'un paramètre parmi d'autres d'un futur à inventer, à construire.

Enfants dans un bidonville de Mexico. Une enquête réalisée en 1995 auprès de scientifiques de 72 pays afin de connaître leur vision des problèmes prioritaires au XXIe siècle révèle que, après le changement climatique, le deuxième problème se rapporte à la démographie.

Pour connaître la population des pays, il n'existe qu'une seule méthode vraiment fiable : le recensement. Celui-ci n'est pas toujours aisé à réaliser. Parfois, les guerres, la méfiance des populations ou l'analphabétisme compliquent la tâche des recenseurs. Au tournant du siècle, de nombreux recensements ont été effectués à travers le monde. Outre le poids gigantesque des populations chinoise et indienne, trois grandes tendances apparaissent : notre planète est très inégalement peuplée ; globalement, il y a plus d'hommes que de femmes ; les moins de 25 ans n'ont jamais été aussi nombreux.

Carte des lumières nocturnes réalisée par satellite (voir page 15).

Six milliards et demi d'hommes

Connaître pour agir : le recensement

En décembre 2005, l'ONU annonçait que 6 milliards 500 millions d'hommes vivaient sur terre, sur un total de 80 à 106 milliards nés depuis l'origine de l'humanité. La même année, la population mondiale avait augmenté de 74 millions d'habitants, soit un accroissement représentant presque le total de la population de l'Éthiopie.

Tendre vers l'exhaustivité

Que signifient réellement ces chiffres que nous livrent les annuaires de l'ONU, lesquels compilent les statistiques nationales des recensements?

Ces chiffres globaux masquent en fait une très grande diversité, d'abord dans la taille de la population des États-nations, ensuite dans la contribution des États à l'accroissement global et, enfin, dans la répartition du peuplement sur la planète.

Pour connaître la population des différents États du monde, il n'y a qu'un seul moyen : le recensement de la population (*census* pour les Anglo-Saxons) dans chaque pays.

Il s'agit, à un moment donné, d'interroger toute la population, et pas seulement une petite partie de celle-ci, sur un ensemble de questions ayant trait au lieu de résidence, au sexe, à la date de naissance, à l'état matrimonial, à la profession exercée, au niveau d'instruction, au nombre d'enfants procréés, etc. On obtient ainsi une photographie de la population à un moment donné et, si le recensement est exhaustif, c'est-à-dire s'il couvre toute la population, on peut estimer la population totale d'un pays, avec ses grandes caractéristiques par âge, sexe, état matrimonial, catégorie professionnelle, niveau d'instruction, lieu de résidence, etc.

Des informations parfois difficiles à obtenir

Selon les recommandations des Nations unies, la plupart des États du monde ont effectué un recensement dans les années 1999, 2000 ou 2001. La qualité des recensements est très variable, en raison de facteurs politiques (opposition au recensement), culturels (analphabétisme) ou conjoncturels (guerre, conflits ethniques).

Selon les pays, les agents recenseurs rencontrent diverses difficultés liées au aléas climatiques, à l'analphabétisme, aux croyances... Ici, les habitants ne peuvent donner qu'un âge approximatif, faute d'état civil ; là, on ne déclare pas les bébés avant le rite de reconnaissance par la communauté ; là encore, les personnes entrées illégalement dans un pays refusent de se faire recenser par crainte d'être expulsées. Les obstacles sont multiples, mais de grands progrès ont été accomplis depuis quelques décennies.

Compte-t-on tout le monde lors d'un recensement ?

Il n'est pas facile d'être exhaustif, c'est-à-dire de compter en même temps tous les habitants d'un pays. La Chine a annoncé que le recensement mené en novembre 2000 avait omis 1,81 % de la population, ce qui équivaut à 22,5 millions d'habitants.
Aux États-Unis, 8,4 millions de personnes avaient été omises lors du recensement de 1990, avec des groupes fortement sous-enregistrés : minorités ethniques, enfants, populations pauvres des villes... Environ 2 millions d'enfants manquaient en 1990, spécialement parmi les Indiens d'Amérique (le taux de sous-enregistrement était de 13,8 % pour cette catégorie).
Mais, comme dans les autres populations du monde, il y avait des doubles comptes – environ 4,4 millions (des retraités par exemple, des militaires...) –, si bien que le déficit net avait été évalué à 4 millions, soit 1,6 % de la population américaine totale.
Les premières évaluations du recensement d'avril 2000 conduisent cette fois-ci à envisager un surenregistrement net de 0,7 %. Mais les résultats sont discutés et certains États ou villes protestent contre l'État fédéral parce que les chiffres rectifiés ne sont pas pris en compte dans l'attribution des sièges au Parlement et dans la répartition des subsides fédéraux.
À cause de ce problème de l'exhaustivité, mais aussi à cause du coût, plusieurs États industrialisés ont décidé de renoncer au recensement classique : certains, comme la Finlande, apparient les données provenant de plusieurs fichiers, d'autres comme les États-Unis ou la France, procèdent à un recensement en continu (*American Community Survey* aux États-Unis, Recensement rénové en France).

Affiche utilisée lors du recensement effectué en Chine en 2000. Sur une population totale de 1,281 milliard d'habitants, pas moins de 22,5 millions avaient été oubliés par les recenseurs, soit 1,81 %.

Deux géants dominent le monde

Deux ensembles asiatiques viennent en premier : dans l'ordre, la Chine (1 304 millions en 2005) et l'Inde (1 104 millions), qui à eux deux rassemblent plus du tiers de l'humanité.

Il s'agit de deux pays en voie de développement dont le PNB par habitant est inférieur à 5 000 dollars par an (États-Unis : 37 750 dollars). Ensuite seulement, et très loin derrière, viennent les États-Unis (297 millions), l'Indonésie (222 millions), le Brésil (184 millions) et le Pakistan (162 millions).

Foule à New Delhi. Avec plus d'un milliard 100 millions d'habitants en 2005, l'Inde compte la deuxième population du monde, derrière la Chine, mais avec une natalité bien supérieure.

Les 15 pays les plus peuplés

Chine	1304
Inde	1104
États-Unis	297
Indonésie	222
Brésil	184
Pakistan	162
Bangladesh	144
Russie	143
Nigeria	132
Japon	128
Mexique	107
Philippines	85
Allemagne	83
Viêt Nam	83
Éthiopie	77

(en millions, en 2005)

Au total, onze États dépassent 100 millions d'habitants, totalisant 59 % de la population mondiale. Le reste de la population se répartit entre 194 pays (tels qu'ils sont répertoriés par l'organisme américain *Population Reference Bureau*, c'est-à-dire des États souverains ou des territoires dépendants comme, par exemple, Macao). Ainsi, le Royaume-Uni fait partie d'un ensemble de sept pays de niveau économique très différent avoisinant 60 millions d'habitants : Royaume-Uni, France, Italie, Turquie, Iran, Éthiopie, Thaïlande.

De 3000 à plus d'un milliard

Certains États sont minuscules, comme en Europe la principauté d'Andorre (7000 habitants), Saint-Marin (3000 habitants) ou Malte (39000 habitants). En Océanie, la population des États est le plus souvent très restreinte. Par ailleurs, six pays contribuent pour la moitié de l'accroissement annuel mondial : l'Inde pour 21 %, la Chine pour 12 %, le Pakistan pour 5 %, le Nigeria et le Bangladesh pour 4 % chacun et l'Indonésie pour 3 %. On saisit par ces chiffres le poids respectif des grands ensembles démographiques.

L'équation démographique

L'augmentation ou la diminution de la population résulte de trois processus : les naissances, les décès et les migrations. On peut mettre ce phénomène en équation. Pour passer de 2005 à 2006, la population d'un pays suit l'équation suivante :

Population au 1er janvier 2005 :
+ Naissances
- Décès
+ Immigrants
- Émigrants

= population au 31 décembre 2005 (ou 1er janvier 2006)

Les premiers éléments de l'équation (naissances et décès) forment l'accroissement naturel (ou solde naturel), et les deux derniers, l'accroissement migratoire (ou solde migratoire), ce dernier étant le plus souvent estimé :

+ Naissances - Décès	+ Immigrants - Émigrants
= accroissement naturel	= accroissement migratoire

Dans le cas du monde et du Mexique, l'équation devient :

	Monde (en milliers)	Mexique** (en milliers)
Population au 1/1/2005*	6 413 961	106 827
+ Naissances	130 013	2 230
- Décès	56 130	531
= ACCROISSEMENT NATUREL	73 883	1 699
+ Immigrants	-	non connu
- Émigrants	-	non connu
= ACCROISSEMENT MIGRATOIRE	-	- 425
Population au 1er janvier 2006 :	**6 487 844**	**108 101***

NB : Le taux de natalité se calcule en divisant le nombre annuel de naissances par la population moyenne (moyenne des populations au 1er janvier et au 31 décembre). De même pour le taux de mortalité. Par soustraction, on obtient le taux d'accroissement naturel. En 2005, on trouve pour le monde entier un taux brut de natalité de 20‰, un taux brut de mortalité de 9‰ et un taux d'accroissement naturel de 1,1 %.

*estimations

**Au Mexique, à la population au 1/1/2005 s'ajoute le solde naturel (1 699 000 personnes) et se retranche le solde migratoire estimé (- 425 000 personnes), pour donner la population au 1/1/2006.

Un peuplement de la planète très inégal

La taille des États diffère considérablement du point de vue démographique, mais les frontières qui résultent de l'histoire socio-économique, culturelle et politique empêchent de bien saisir les réalités de la répartition du peuplement sur la Terre.

La carte du peuplement de la planète vers le milieu des années 1990 montre que la population est très inégalement répartie et que des zones homogènes se dessinent, ignorant les limites des États-nations. Il existe des foyers de peuplement très denses mais aussi des régions entières qui sont inhabitées. Le premier foyer de peuplement se situe en Asie du Nord-Est, englobant le Japon, la Corée du Sud et la Chine orientale. On reconnaît là les vieilles civilisations peuplantes fondées sur la culture du riz et du blé. Deuxième foyer important, la péninsule indienne, surtout la partie nord, le long du Gange. À ces foyers principaux on peut aussi rattacher l'Indonésie, en particulier l'île de Java. Cette vaste région rassemble trois hommes sur cinq.

Paysan dans une rizière au Cambodge. Sur 181 000 km², ce pays alterne des foyers de peuplement très denses et des régions entières inhabitées.

Lumières et ombres du peuplement

Ces foyers de peuplement intense sont cernés au nord par le Tibet et le Sinkiang qui annoncent les plaines sibériennes, vides d'hommes, en dehors d'une bande de peuplement le long du Transsibérien. Le contraste est saisissant, marqué par la haute chaîne de l'Himalaya et le désert de Gobi, régions qui ont formé pendant des millénaires des barrières majeures entre l'Orient et l'Occident, non sans ménager quelques passages (les routes de la soie).
Le reste du monde fait pâle figure à côté de ces nébuleuses asiatiques. Pourtant, on trouve une densité moyenne assez élevée dans toute l'Europe du Nord-Ouest, de la Grande-Bretagne à l'Italie du Nord,

La carte des lumières nocturnes

Cette carte, photographiée par satellite telle qu'elle a été publiée par la revue *National Geographic* en octobre 1998, est tout à fait saisissante : on voit apparaître à la fois les lumières des implantations humaines (en jaune), celles des feux de brousse (en rose), celles des puits de forage (en rouge) et celles des flottes de pêche (en bleu). Les lumières provenant des installations humaines sur terre sont les plus frappantes : elles reflètent assez bien la densité du peuplement, selon les lignes qui viennent d'être décrites, mais elles renvoient également au degré de développement des régions. Des zones faiblement peuplées comme la Scandinavie projettent une lumière très dense tandis que la Chine et l'Inde sont moins bien « éclairées ». L'Amérique du Sud et, surtout, l'Afrique paraissent relativement sombres, mais l'on perçoit par contraste l'intensité des feux de brousse (large bande en Afrique subsaharienne, Bangladesh, Sud-Est asiatique, nord de l'Australie...).

La Terre la nuit. Cette carte des lumières nocturnes réalisée par satellite offre une vision saisissante de la densité contrastée du peuplement mondial.

à l'exception de la plus grande partie de la France et de la péninsule Ibérique. De l'autre côté de la Méditerranée, la façade maritime du Maghreb est relativement peuplée, ainsi que la vallée du Nil. Sauf quelques exceptions (comme par exemple le Nigeria, la région des Grands Lacs en Afrique orientale), le reste de l'Afrique n'est guère peuplé et contient de grandes superficies désertiques au nord et au sud. Enfin, le peuplement des Amériques est loin d'être homogène : on note une forte concentration le long des côtes et dans la région de Mexico, mais dans l'ensemble, la densité est faible, surtout dans la région de la forêt amazonienne.

Carte *(pages suivantes)*

L'inégale répartition de la population mondiale s'explique pour des raisons tenant à l'environnement. Les régions peu peuplées correspondent souvent à un milieu défavorable à l'homme (déserts, montagnes, glaciers, forêts...).

Les densités de population dans le monde

Le Nouveau Monde

Le reste de la planète paraît bien peu peuplé, sauf dans des îlots : façade méditerranéenne du Maghreb, vallée du Nil, Nigeria et régions des grands lacs en Afrique, côte nord-ouest des États-Unis et Californie, Mexico, villes d'Amérique du Sud…

Les grands pôles de peuplement

Les pôles de peuplement se distinguent nettement, sans doute depuis des siècles : d'abord, les pôles correspondant aux vieilles civilisations de la culture du riz, l'aire « chinoise » englobant la Chine, la Corée et le Japon, et l'aire indienne. Vient ensuite le pôle européen, anciennement peuplé, qui s'est constitué autour de la Méditerranée.

Sources : d'après P.-J. Thumerelle, *les Populations du monde,* coll. fac. géographie, Nathan Université, 1990, et Nations unies.

Plus d'hommes que de femmes

On compte un peu plus d'hommes que de femmes dans la population mondiale (101 hommes pour 100 femmes), mais la question est assez complexe et mérite qu'on s'y arrête.

À la naissance, il naît toujours plus de garçons que de filles, environ 105-106 garçons pour 100 filles. C'est une loi quasi universelle qu'avait découverte le Britannique John Graunt en examinant les bulletins de baptême de la ville de Londres au XVIIe siècle. Cette loi est vérifiée à toutes les époques et sous tous les cieux, avec quelques petites variantes selon les régions (Océanie) et au moment des guerres (il est né encore plus de bébés de sexe masculin à la fin des deux guerres mondiales en France et en Grande-Bretagne). Pour des raisons culturelles et économiques (culte des ancêtres, transmission du patrimoine, force de travail masculine...), certaines sociétés ont cherché à modifier ce *sex ratio* en recourant à l'infanticide ou à des formes de discrimination conduisant à la mort des petites filles. Aujourd'hui, lorsque le gouvernement exerce des pressions pour imposer la limitation des naissances, voire l'enfant unique, les familles, qui ont besoin de descendants mâles, recourent à l'avortement sélectif après échographie, à l'infanticide, à l'abandon ou à la non-déclaration des filles. En croissance continue depuis le début des années 1980, le *sex ratio* à la naissance atteignait 112 en Chine, 109 à Taïwan, 113 en Corée du Sud, 110 à Hongkong en 1990. Il atteignait même 117 en Chine en 1999.

Lieu d'accueil pour les personnes âgées seules, isolées. Après 60 ans, la domination des femmes est écrasante dans les pays industrialisés.

LEXIQUE

[Le rapport de masculinité] ou *sex ratio*, est le nombre d'hommes pour 100 femmes : il est de 101 pour le monde entier en 2000.

À l'âge adulte, on observe en général une majorité d'hommes, surtout si l'immigration est importante. Mais à mesure que l'âge augmente, la part des hommes diminue, car la mortalité des hommes est à tous les âges (sauf exception) supérieure à celle des femmes. En 1999, dans un pays comme la France, c'est à 27 ans que le nombre des femmes commence à dépasser celui des hommes.
Après 60 ans, la domination des femmes est écrasante dans les pays industrialisés. En 1999, le *sex ratio* est de 54,9 au-delà de 75 ans en France et le déséquilibre s'accroît très rapidement. Chez les centenaires, il atteint 13,8 : on compte un peu plus d'un homme pour dix femmes.

Une inégalité entre pays

Dans la population totale, on observe historiquement une augmentation sensible de la part des femmes au cours de la modernisation (XIXe-XXe siècles), comme si les femmes tiraient un meilleur avantage que les hommes de la diminution de la mortalité et de la transformation des causes de décès : disparition de la mortalité en couches, moindre incidence chez les femmes des maladies dites de « civilisation » (alcool, tabac), meilleure protection de la santé... La série des recensements américains permet de calculer le *sex ratio* tous les dix ans depuis 1790 : du fait de l'immigration, il dépasse 100 jusqu'à la Seconde Guerre mondiale, atteignant jusqu'à 106 en 1910. Depuis, il s'est abaissé aux alentours de 95. Dans tous les pays industrialisés, il se situe nettement au-dessous de 100 (93 dans l'Europe entière en 2000).
En revanche, dans de nombreux pays où le statut des femmes est dévalorisé par rapport à celui des hommes, le *sex ratio* continue à dépasser 100. C'est le cas de plusieurs pays d'Asie, du Moyen-Orient et d'Afrique du Nord. Dans ces pays, alors que le *sex ratio* devrait normalement être inférieur à 100 en 2000 (compte tenu de la mortalité), il est très supérieur à cette valeur : 107,2 en Inde, 106,7 en Chine, 108,1 au Pakistan, 104,8 en Égypte, 104,7 en Syrie.
Grâce à ces données, il a été possible d'évaluer le nombre de « femmes manquantes » *(missing women)* à 95 millions en 1990 et à 102,2 millions en 2000, soit respectivement 6,5 % et 5,8 % de la population féminine mondiale. Le mauvais enregistrement peut également contribuer à accentuer le déficit : ainsi, on enregistre en effet très mal les femmes âgées ou les petites filles, considérées dans certains pays comme étant des personnes sans « valeur » pour la société.

Écrasante majorité d'hommes dans les pays producteurs de pétrole

Le cas des pays pétroliers est tout à fait particulier avec une écrasante majorité d'hommes : le *sex ratio* est de 135 à Bahreïn, de 151 au Koweït, de 135 à Oman, de 173 au Qatar, de 116 en Arabie saoudite et de 186 aux Émirats arabes unis. Pour extraire le pétrole, ces pays ont fait venir des hommes célibataires de la région mais aussi de pays lointains (Philippines, Inde, Corée, Pakistan, Sri Lanka...). À la veille de la guerre du Golfe, on évaluait à 70 % l'apport de main-d'œuvre étrangère à la population active dans la péninsule arabique.
La guerre du Golfe, parmi d'autres éléments, a révélé l'extrême importance dans le monde actuel des migrations internationales.
Ces migrations concernent souvent des pays éloignés.
En l'espace de douze mois en 1991, entre 4 et 5 millions de gens ont dû quitter précipitamment le Moyen-Orient.

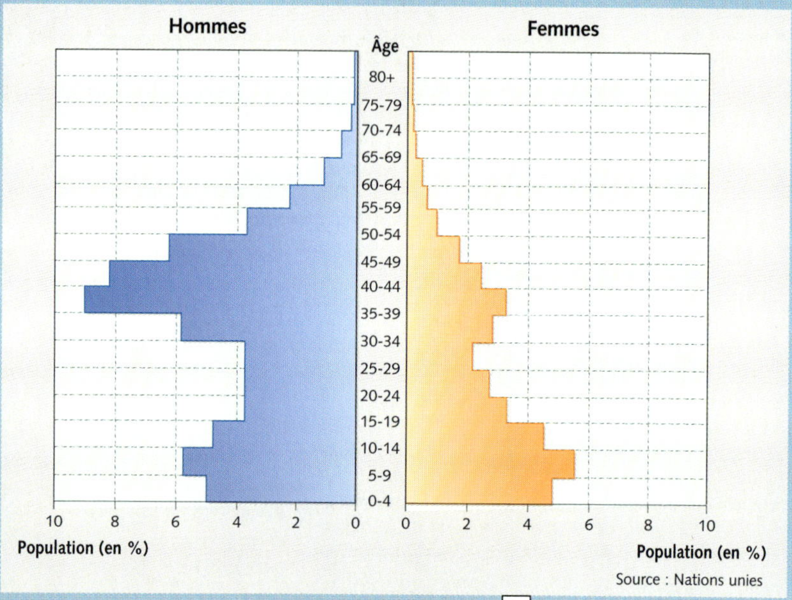

Pyramide des âges de l'Arabie saoudite (1995). Elle présente les caractéristiques typiques d'un pays d'immigration : disproportion entre les sexes (beaucoup plus d'hommes que de femmes), prédominance des adultes de 30 à 50 ans, classes très creuses entre 15 et 30 ans, base de la pyramide assez large témoignant d'une fécondité encore élevée (presque 6 enfants par femme en 2003).

Cette foule en Arabie saoudite caractérise bien la situation démographique de ce pays : une majorité écrasante d'hommes jeunes et une absence évidente de femmes.

Une population plus jeune que jamais

En chiffres absolus, la population mondiale comprenait 1,33 milliard de jeunes de moins de 25 ans en 1950 et 2,71 en 1990. Elle en comprendra probablement 2,98 en 2010.

Le maximum sera sans doute atteint vers 2030 avec 3,02 milliards ; ensuite, le nombre des jeunes diminuera lentement.

Cette croissance du nombre des jeunes est liée au maintien, pendant plusieurs décennies, d'une forte fécondité dans un certain nombre de pays, mais aussi à la baisse de la mortalité des jeunes enfants. La baisse de la mortalité infantile (moins de un an) et juvénile (un à cinq ans) équivaut à une augmentation de la fécondité puisque davantage de jeunes survivent. Ce sont ces phénomènes qui donnent aux pyramides des âges des pays pauvres leur profil très caractéristique avec une base très élargie, illustrant le propos du chef d'État indien Nehru : *« La nation marche sur les pieds fragiles des petits enfants. »*

La croissance du nombre des jeunes fut pendant tout un temps le signe même du développement. Ils représentent l'avenir de la nation, mais aussi une charge lourde qu'il s'agit de nourrir, de soigner, d'éduquer, un défi à la fois pour le présent et l'avenir. Car ces nombres signifient également que les jeunes générations d'aujourd'hui, même si la fécondité diminue, donneront naissance à des générations encore beaucoup plus nombreuses. Ce phénomène d'inertie démographique explique que la croissance de la population mondiale va continuer au XXIe siècle, même si le taux d'accroissement diminue depuis plusieurs décennies (voir le chapitre 2). Le contraste entre la pyramide des âges des pays développés et celle des pays moins développés en 1998 est frappant : d'un côté, un profil assez plat avec un rétrécissement du côté des jeunes et des personnes âgées, de l'autre, une pyramide dont la base est large. Dans les pays moins développés, les moins de 15 ans forment le tiers de la population totale, et même plus dans certaines régions (en 2001, 43 % en Afrique, 42 % en Iraq, 47 % dans les territoires palestiniens, 44 % en Malaisie...). Par comparaison, un cinquième (20 %) de la population totale est âgé de moins de 15 ans dans les pays développés (14-15 % en Espagne, en Grèce, en Italie...). Le profil des pays développés illustre l'avenir de la population mondiale, une population qui va vieillir rapidement au XXIe siècle du fait de la baisse de la fécondité et de la survie des personnes âgées.

La pyramide des âges

C'est un double histogramme représentant, une année donnée, les hommes (à gauche) et les femmes (à droite) selon les différents groupes d'âges (en années ou par tranches de cinq ans).
On l'appelle pyramide des âges parce que le graphe a la forme d'une pyramide lorsque la fécondité et la mortalité sont élevées ou au début de la transition. Au fur et à mesure que s'accomplit la transition démographique, la pyramide se déforme, prenant l'allure d'un cylindre, puis d'un cône renversé.

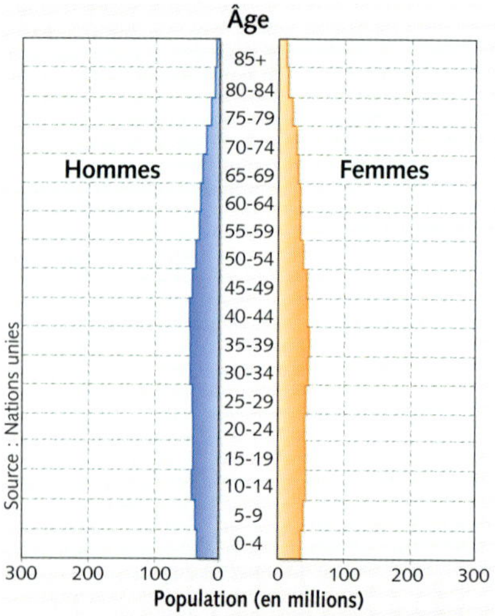

Population selon l'âge et le sexe dans les pays développés (1998). Les pays développés présentent un profil très plat de leurs effectifs par âge avec un renflement de la population adulte et une faible population jeune. On est loin de l'image d'une pyramide !

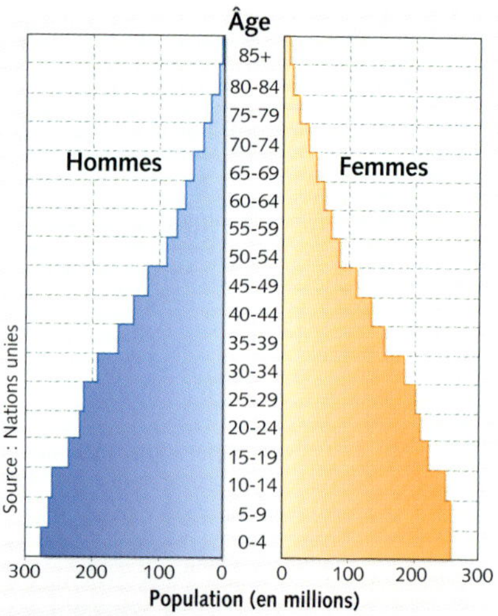

Population selon l'âge et le sexe dans les pays en voie de développement (1998). La représentation de la population des pays en développement ressemble nettement plus à une pyramide. Les effectifs jeunes sont nombreux, les groupes d'âge diminuent régulièrement avec l'âge et le sommet de la pyramide est très effilé : reflet d'une population jeune correspondant à une fécondité encore élevée et à une mortalité décroissante.

L'impact d'une forte population jeune

Que signifie pour un pays d'avoir 40 %, voire 50 % de sa population âgée de moins de 15 ans (comme au Niger, par exemple) ?
Le premier effet immédiat est de diminuer, en proportion, la part des adultes. En 2003, en Afrique subsaharienne, 44 % de la population a moins de 15 ans, 3 % a plus de 65 ans ; la proportion d'adultes est donc de 53 % (en Europe, les proportions sont respectivement 17 %, 15 % et 68 %). Or ce sont les adultes qui ont la charge des jeunes et des anciens – comme au Niger où, en moyenne, un adulte doit subvenir aux besoins d'une autre personne. La forte proportion des jeunes a également d'importantes conséquences économiques et sociales. Le pays doit alors mobiliser des moyens financiers et humains considérables pour soigner, scolariser, former. La conjoncture économique très défavorable des trente dernières années a entraîné, sur la pression du FMI et de la Banque mondiale, des coupes sombres dans ces secteurs, au détriment même de l'avenir de ces générations. Nourrir et vêtir en moyenne 8 enfants (Niger) ou 7 (Mali) sont donc une lourde tâche qui revient le plus souvent aux femmes, ce qui les empêche de se consacrer à d'autres activités (éducatives, culturelles, professionnelles...).

Les pyramides des âges, reflet de l'histoire

L'histoire politique et sociale de chaque pays peut se lire aussi dans sa pyramide des âges, qui exprime les grands drames comme les lentes évolutions.

Les pyramides des différents pays peuvent être très différentes des modèles qui viennent d'être décrits : certains profils sont très heurtés, reflétant l'histoire mouvementée de ces pays. C'est le cas par exemple de l'Allemagne et de la Russie. Dans les deux cas, on perçoit l'impact des deux guerres mondiales, notamment le déficit des naissances en 1914-1918 et en 1939-1945. On distingue également les pertes en hommes liées à ces mêmes guerres : à partir de 60 ans, les générations masculines sont beaucoup moins nombreuses que les générations féminines.

Enfants victimes de la famine en Russie dans les années 1920. Les bouleversements consécutifs à la révolution de 1917 ont eu pour conséquences la baisse de la fécondité et l'augmentation des décès.

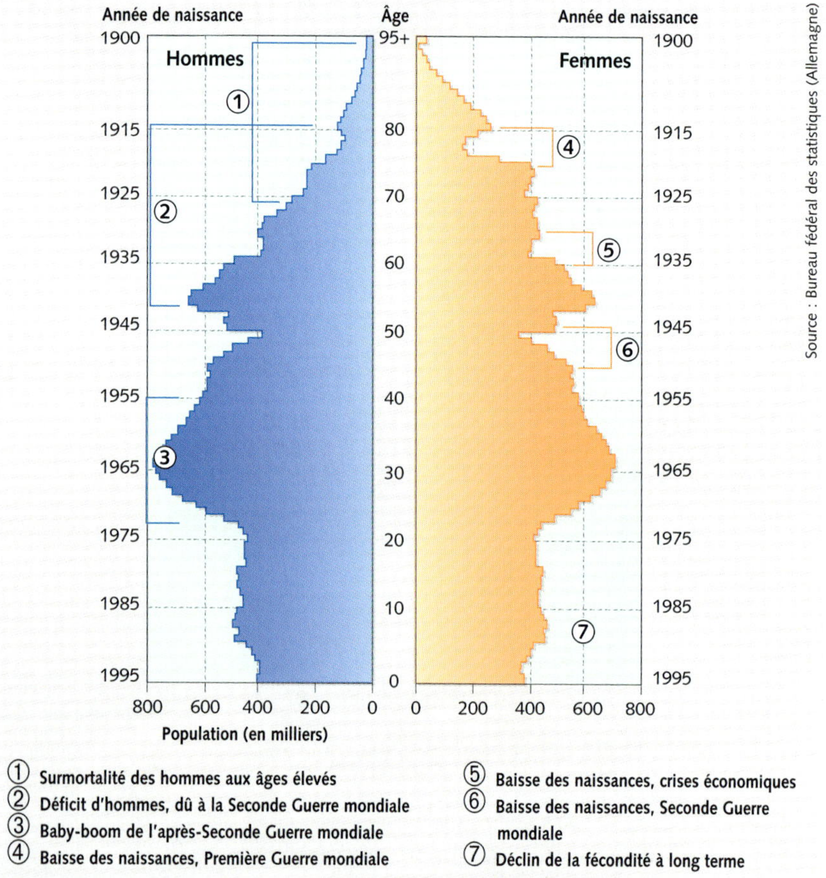

Pyramide des âges de l'Allemagne (au 1er janvier 1996). Cette pyramide traduit bien l'histoire mouvementée de l'Allemagne : deux guerres mondiales aux conséquences multiples, baby-boom de l'après-guerre et, depuis plus de vingt ans, réduction du nombre des naissances, ce qui lui donne cette allure si particulière.

En Allemagne, le baby-boom est bien visible après la Seconde Guerre mondiale, ainsi que la diminution des naissances depuis les années 1970 : on distingue aussi pour ce pays le déficit momentané des naissances lors de la crise économique mondiale (1929-1931).
La pyramide de la Russie est particulièrement tourmentée, illustrant l'histoire souvent dramatique de ce pays depuis un siècle. Aux événements mondiaux se sont superposés des mouvements liés aux luttes pour le pouvoir comme à la politique nationale en matière de famille et d'économie. On peut citer ainsi la répression contre les paysans riches

(koulaks) en 1928-1932 et la famine en 1933, ces circonstances ayant pour conséquence une baisse de la fécondité et une augmentation des décès. Le lancement d'une politique nataliste et l'interdiction de l'avortement en 1936 ont, à l'inverse, provoqué une augmentation de la natalité. Plus tard, à partir de 1983, les effets de la nouvelle politique familiale, favorable, elle aussi, à la natalité ont été annulés par le démantèlement de l'URSS, celui-ci ayant entraîné une chute de la natalité à partir de 1989. On peut prévoir dans les années qui viennent la tension qui risque de régner sur le marché du travail avec l'arrivée à l'âge adulte des générations nombreuses des années 1983-1987.

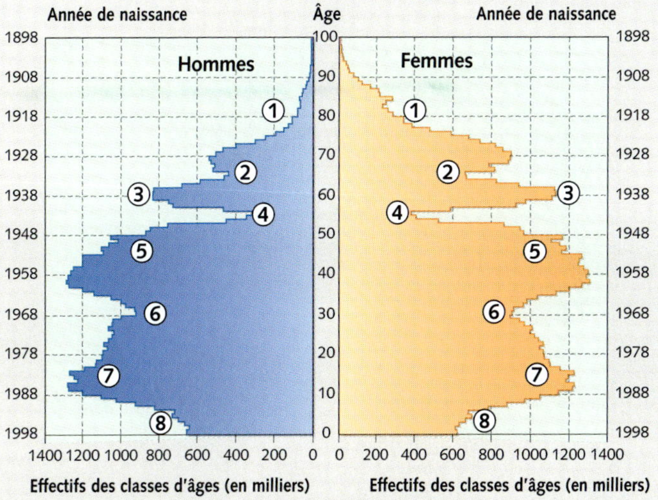

① Déficit des naissances dû à la guerre de 1914-1918 (classes creuses)
② Passage des classes creuses à l'âge de fécondité ; dékoulakisation (1928-1932) ; famine de 1933
③ Interdiction de l'avortement en 1936 et lancement de la politique nataliste
④ Déficit des naissances dû à la guerre de 1939-1945
⑤ Effet du « rattrapage » des naissances après la Seconde Guerre mondiale
⑥ Passage de la fécondité des générations en dessous de 2 enfants par femme
⑦ Effet de la nouvelle politique familiale (à partir de 1983)
⑧ Chute de la natalité à partir de 1989

Source : A. Avdeev et A. Blum, *Population et sociétés*, n° 351, novembre 1999, INED

Pyramide des âges de la Russie (au 1er janvier 1999). La pyramide de la Russie reflète une histoire bousculée, voire dramatique. On a en condensé tous les drames vécus par les Russes : les deux conflits mondiaux (on voit que les entailles de la Seconde Guerre mondiale sont beaucoup plus profondes qu'en Allemagne), les conséquences des mesures politiques, économiques et sociales prises par les gouvernements, de la lutte contre les paysans aisés à la fin des années 1920 aux purges de l'ère stalinienne, sans oublier la famine en 1933. Les mesures favorisant la fécondité provoquent la naissance de générations nombreuses à la fin des années 1930, par exemple, ou bien au cours de la décennie 1980.
Depuis l'éclatement de l'URSS, la fécondité décroît fortement.

Si l'accroissement de la population mondiale a suivi depuis un siècle un rythme sans précédent, on ne peut projeter indéfiniment sur l'avenir les tendances de la période écoulée. Depuis l'Antiquité, savants et politiques s'interrogent sur les moyens d'obtenir la taille optimale pour la population de chaque pays. L'important aujourd'hui est de prendre en compte la tendance générale au vieillissement des populations et, quand c'est possible, d'agir durant ce qu'on appelle la « fenêtre démographique », c'est-à-dire cette période durant laquelle la baisse de la fécondité ne s'accompagne pas encore d'une forte croissance du troisième âge.

Femmes dans un centre de planning familial au Népal.

Révolution ou transition démographiques ?

Un accroissement spectaculaire

Il aura fallu des centaines de milliers d'années pour que le premier milliard d'hommes soit atteint en 1800 (vers - 500 000, il y aurait eu un demi-million d'habitants sur toute la Terre).

En revanche, 130 ans seulement ont été nécessaires pour passer de 1 à 2 milliards entre 1800 et 1930. Au XXe siècle, l'accroissement s'accélère. Il n'a fallu que 30 ans pour gagner 1 milliard d'hommes supplémentaires, 14 ans, puis 13 ans et même 12 ans pour atteindre aujourd'hui 6 milliards d'hommes.

Tribu d'Homo sapiens. À l'époque de l'âge de pierre, l'humanité a fait un grand bond en avant grâce aux innovations techniques (photo du film de Jean-Jacques Annaud, *la Guerre du feu*, 1981).

Le XXIe siècle verra peut-être le dernier doublement de la population mondiale, qui pourrait se stabiliser alors autour de 10 à 12 milliards d'habitants. Quelle aventure !

Un des premiers démographes à avoir saisi l'ampleur des changements en cours à son époque, le Français Adolphe Landry, a d'ailleurs évoqué l'idée d'une « révolution démographique », par analogie avec ce qui s'était passé au XVIIIe et au XIXe siècle sur les plans politique et économique : n'était-on pas entré dans une phase inédite de l'histoire humaine ? L'humanité avait déjà connu des périodes d'accroissement démographique important, au paléolithique par exemple (âge de la pierre taillée) ou au néolithique (invention de l'agriculture et de l'élevage), mais le rythme d'accroissement à l'échelle annuelle

Nombre d'années nécessaires pour augmenter d'un milliard d'habitants

De l'origine de l'humanité à 1800	1er milliard
130 ans (1930)	2e milliard
30 ans (1960)	3e milliard
14 ans (1974)	4e milliard
13 ans (1987)	5e milliard
12 ans (1999)	6e milliard
14 ans (2013)	7e milliard
15 ans (2028)	8e milliard
26 ans (2054)	9e milliard

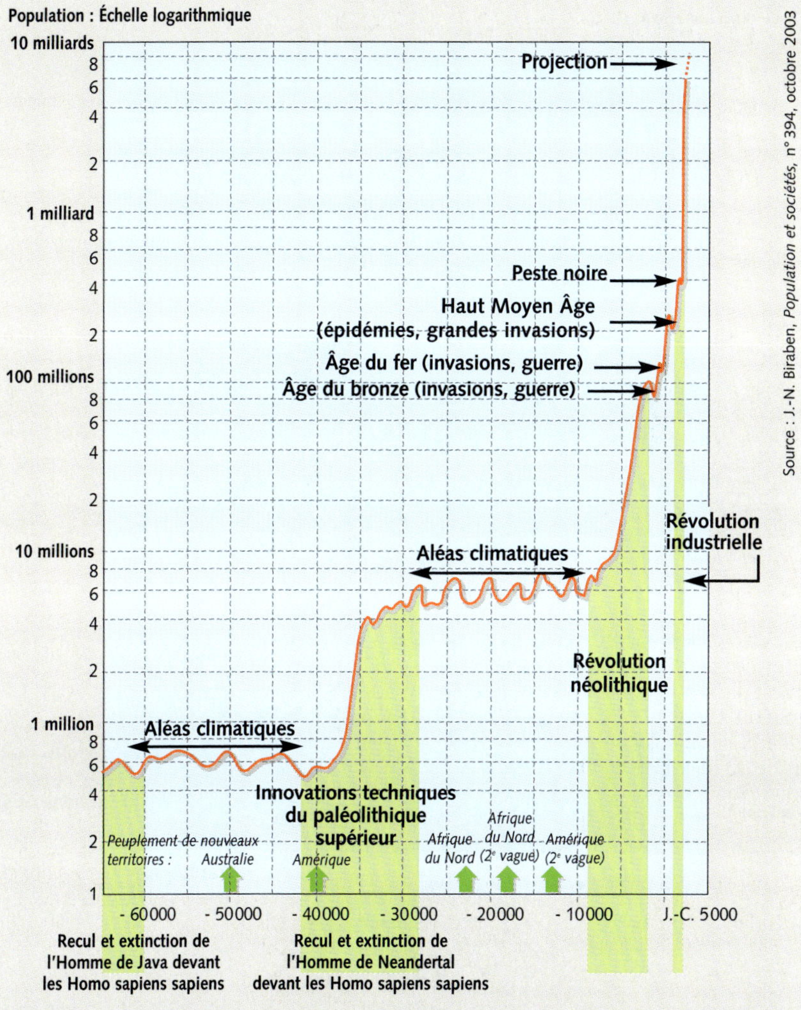

Évolution de la population mondiale depuis 65 000 ans. L'humanité a connu plusieurs poussées démographiques, à l'époque du paléolithique supérieur ou au moment de la révolution néolithique (invention de l'agriculture). Vers 2500 av. J.-C., la population mondiale atteignait à peine 100 millions de personnes au total. La révolution industrielle a entraîné un formidable bond en avant (très tardif, on le voit, dans l'histoire de l'humanité), faisant passer la population de 100 millions à 1 milliard en 1800, puis à 6,5 milliards aujourd'hui. La population se stabilisera-t-elle avant d'atteindre 10 milliards d'hommes au cours du XXIe siècle ?

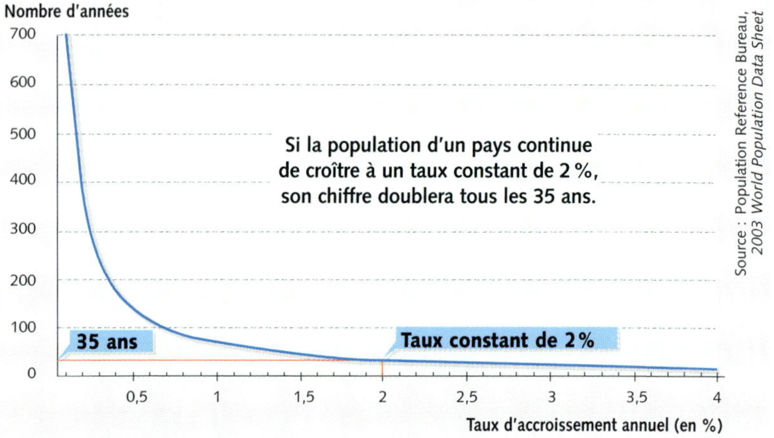

Temps de doublement d'une population. Le schéma permet de lire le temps que met une population croissant à un rythme donné à doubler sa population. Plus le taux d'accroissement est faible, plus son temps de doublement est long : avec 2 %, le temps de doublement est de 35 ans ; avec 1 %, de 70 ans ; avec 0,1 %, de 700 ans.

devait être très faible, moins de 1 %. Rien à voir avec la vitesse de croissance qui caractérise la seconde moitié du XXe siècle : entre 0,5 % et 0,8 % jusqu'en 1950, 1,7 % entre 1950 et 1960, 2,02 % entre 1960 et 1970 ! À ce rythme de 2,02 %, la population mondiale double en trente-cinq ans. Jusqu'où ira-t-on ?

Comment calculer le temps de doublement d'une population ?

Il existe un moyen très simple pour calculer le temps que met une population pour doubler. Si une population s'accroît au rythme de x % par an, il suffit de diviser 70 par le taux d'accroissement exprimé en % pour obtenir le résultat.
Ainsi, une population qui croît de 2 % par an double sa population en trente-cinq ans car : 70 / 2,0 = 35.
La « règle de 70 » est due à ce que le logarithme naturel de 2 est voisin de 0,7.
Au taux actuel (0,7 % en 2002), la Chine doublerait sa population en 100 ans, l'Inde (1,7 %) en 41 ans, la France (0,5 %) en 140 ans et l'Espagne (0,1 %) en 700 ans.
Le graphique, ci-dessus, montre le temps de doublement selon le rythme d'accroissement.

L'accroissement de la population mondiale depuis l'an 1000

An	Millions d'habitants
1000	253
1200	400
1340	442
1400	375*
1500	461
1600	578
1700	771
1800	1000
1900	1610
1950	2504
2000	6127
2005	6500

* (grande peste)

La transition démographique

Projeter indéfiniment les tendances de la période 1960-1970 serait absurde car on oublierait ainsi complètement une révolution silencieuse qui s'opère derrière cette montée vertigineuse.

Cette révolution silencieuse, c'est la poursuite de la transition démographique, c'est-à-dire l'ajustement progressif de la fécondité sur la mortalité. On sait en effet que la croissance quasi exponentielle de la population mondiale au XXe siècle est due à ces progrès inouïs qui ont fait reculer la mortalité et fait passer l'espérance de vie en moyenne de moins de 30 ans au XVIIIe siècle à plus de 67 ans en 2005. C'est le déséquilibre entre les naissances (130 millions en 2005, soit 4,1 naissances par seconde) et les décès (56 millions en 2005, soit 1,8 par seconde) qui explique l'accroissement annuel (74 millions par an, soit 2,3 habitants supplémentaires par seconde).

Famille américaine par Norman Rockwell.
Ce peintre très populaire a illustré le mode de vie des États-Unis et son modèle familial dans les années 1950.

Comme l'humanité vit en circuit fermé (il n'y a pas de migrations vers d'autres planètes !), seule la différence entre les naissances et les décès explique l'accroissement total actuel.

Mais ces tendances ne sauraient se poursuivre à long terme : progressivement, les familles, se rendant compte qu'il n'est plus nécessaire de faire autant d'enfants pour assurer leur descendance, réduisent le nombre de leurs enfants en l'ajustant aux conditions nouvelles de la mortalité. Hier, il fallait faire 6 ou 7 enfants pour en garder 3 à l'âge adulte ; aujourd'hui, dans les conditions de survie les meilleures, il suffit d'en avoir un peu plus de deux (1 garçon et 1 fille grosso modo).

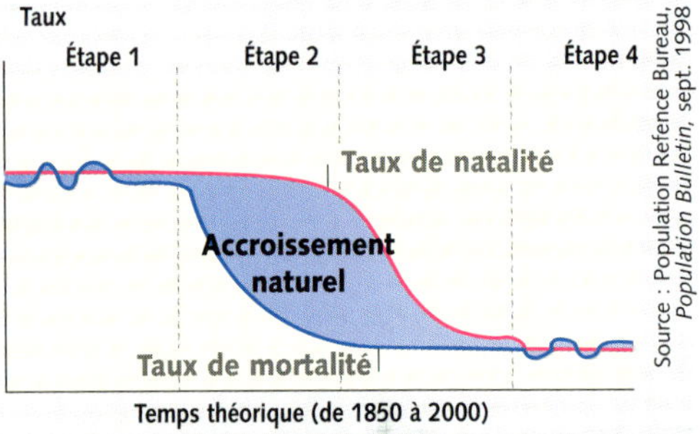

L'accroissement naturel est le résultat d'un excédent de naissances par rapport aux décès.

Les 4 étapes de la transition démographique. On voit bien le passage d'un régime démographique traditionnel (étape 1) à un régime moderne (étape 4). D'abord, la mortalité décroît (étape 2), entraînant une augmentation importante de l'accroissement naturel ; ensuite seulement, le taux de natalité diminue (étape 3), permettant finalement un nouvel équilibre.

Le schéma théorique de la transition démographique

Après les travaux du démographe Adolphe Landry sur la « révolution démographique », la théorie de la transition démographique a été proposée par les Américains Frank W. Notestein et Ansley Coale, signifiant que cette révolution entamée avec la baisse de la mortalité aurait une fin. Cette théorie avance l'idée du passage d'un équilibre entre natalité et mortalité élevées à un autre équilibre fondé sur une natalité et une mortalité basses.

À un régime démographique ancien caractérisé par de fortes fluctuations annuelles (crises de subsistances, épidémies, guerres), par une natalité et une mortalité fortes laissant un excédent naturel réduit, succéderait un régime démographique plus régulier fondé sur la maîtrise (relative) de la fécondité et de la mortalité. Entre les deux régimes, le processus se déroule en deux phases : pendant une première phase, la mortalité décroche, tandis que la natalité reste élevée, voire s'accroît, ce qui engendre un fort accroissement naturel ; pendant la deuxième phase, la natalité diminue elle aussi, jusqu'à rejoindre le niveau de la mortalité, ce qui à terme engendrerait la stabilisation de la population.

En 1847, l'Irlande connut une famine sans précédent qui poussa des millions de personnes à émigrer aux États-Unis et au Canada.

Des rythmes différents selon les pays

Au fur et à mesure que les démographes affinaient et multipliaient leurs observations, ils se sont rendu compte qu'il était difficile de parler d'un modèle unique de transition démographique.

La comparaison, par exemple, de la transition en France et en Grande-Bretagne montre que, si le second pays suit assez bien le modèle théorique (décalage très net entre le début de la baisse de la mortalité et le début de la baisse de la natalité), ce n'est pas du tout le cas de la France : la mortalité et la natalité ont baissé au même rythme, d'où un accroissement démographique particulièrement faible dans ce pays (toujours inférieur à 1 %).

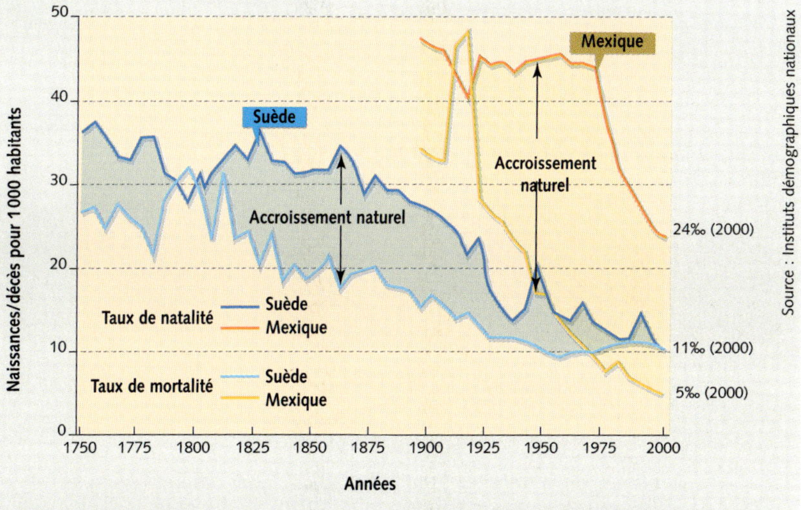

La transition démographique en Suède et au Mexique. La transition démographique commence en Suède dès le XVIIIe siècle ; au Mexique, elle n'intervient qu'à la fin du XIXe siècle. Le décalage chronologique est bien visible. Autre caractéristique : la transition mexicaine est beaucoup plus « haute » que son homologue suédoise, engendrant un taux d'accroissement annuel dans ce pays depuis les années 1950 beaucoup plus élevé qu'au plus fort de la transition suédoise (milieu du XIXe siècle). À noter que le taux de mortalité est aujourd'hui moins élevé au Mexique qu'en Suède, en raison de la jeunesse de la population mexicaine.

La transition démographique mexicaine

Le Mexique dépasse aujourd'hui 100 millions d'habitants (107 millions en 2005). La capitale, Mexico, est une des plus grandes agglomérations du monde avec plus de 20 millions d'habitants, soit plus de 20 % de la population totale du pays. Depuis quelques années, la croissance de cette énorme agglomération s'est ralentie, mais la situation sanitaire dans la plupart des quartiers est déplorable. Le programme national de population mis en œuvre dans les années 1970 a permis de réduire fortement la croissance démographique, même si celle-ci demeure élevée (1,9%). Les migrations illégales en direction des États-Unis réduisent quelque peu la pression démographique de ce pays jeune et encore pauvre (notamment les minorités indiennes). D'ici cinquante ans, la population va encore croître de 40%. En moins d'un siècle et demi, la population mexicaine aura été multipliée par 10.

Bidonville à Mexico. L'urbanisation galopante de cette mégapole a provoqué, comme dans d'autres villes d'Amérique latine, l'apparition de quartiers misérables, où la situation sanitaire est déplorable.

Par ailleurs, le rythme de la transition peut être radicalement différent selon les pays. Certains pays (les vieux pays industrialisés) ont mis deux siècles pour accomplir leur transition démographique, alors que les jeunes pays en développement ont mis moitié moins de temps.

La comparaison de ce qui s'est passé en Suède et au Mexique est particulièrement intéressante. On voit très bien que la transition suédoise s'est étalée sur deux siècles et demi puisque la diminution de la mortalité commence au XVIIIe siècle et que les décès ont rejoint les naissances en 2000.

Au Mexique, la transition démographique a commencé plus d'un siècle après, compte tenu d'un développement économique plus tardif. Amorcée dans les années 1900, la baisse de la mortalité est, entre les deux guerres, extrêmement rapide. Tellement rapide que le taux brut de mortalité en vient à être inférieur à celui de la Suède (à partir des années 1970). Ce phénomène est lié à la très grande jeunesse de la population mexicaine : comme l'on meurt moins dans l'enfance qu'aux âges élevés, le Mexique connaît moins de décès que la Suède, malgré son espérance de vie plus faible. Ce qui est frappant, c'est la rapidité de la baisse de la mortalité, tandis que la natalité se maintient à un niveau supérieur à 40‰. On mesure que l'accroissement naturel, au plus fort de la transition, a été beaucoup plus élevé au Mexique qu'en Suède. Ensuite, la natalité diminue elle aussi rapidement, en raison de l'effet conjugué du développement économique et des politiques de population menées au Mexique. Ce pays aura accompli sa transition en un siècle, et la Suède en deux siècles. La vitesse de la transition différencie nettement les pays industrialisés et les pays en développement : les seconds sont confrontés à des évolutions démographiques brutales tout en manquant des infrastructures minimales, tandis que les premiers ont pu mener en parallèle leur révolution industrielle et leur évolution démographique.

LEXIQUE

[La prophylaxie] est l'ensemble des moyens médicaux mis en œuvre pour prévenir les maladies.

Alfred Sauvy, démographe et économiste français, a bien montré la différence dans le schéma de la baisse de la mortalité entre pays pauvres et pays riches : pour les pays pauvres, la baisse de la mortalité, liée à l'importation de techniques de prévention massives (prophylaxie contre le paludisme, la fièvre jaune, vaccinations de masse...), peut être relativement exogène par rapport au développement. Dans les pays industrialisés, la baisse de la mortalité est le produit du développement puisque les experts ont pu montrer l'importance de facteurs comme l'augmentation des ressources, l'amélioration de l'alimentation ou les progrès dans l'infrastructure urbaine (égouts, eau potable...). Il y a là une différence spectaculaire qui explique aussi l'acuité des problèmes auxquels sont confrontés les pays pauvres. La « modernisation » et le transfert de techniques (notamment en matière médicale) ont provoqué dans certains de ces pays une transformation profonde de leur équilibre démographique traditionnel, entraînant parfois des déséquilibres brutaux...

L'accroissement de la population mexicaine depuis 1910

	Population (millions d'habitants)	Natalité (‰)	Mortalité (‰)	Accroissement naturel (%)
1910	15,1	33	31	0,2
1930	16,4	50	26	2,4
1950	25,8	46	18	2,8
1960	34,9	45	12	3,3
1990	85,7	29	6	2,3
2000	99,6	24	4	2,0
2005	107,0	23	5	1,8
2050*	140,2			

* Révision 2004 des Nations unies

Les politiques de population : un débat depuis l'Antiquité

Suivant le modèle légué par les philosophes de l'Antiquité, certains gouvernements ont longtemps cru qu'il suffisait d'édicter des lois restrictives ou positives pour faire changer les comportements : avoir plus d'enfants, migrer, se marier plus tôt ou plus tard, etc.

Platon et Aristote avaient comme idéal une cité dont le nombre d'habitants resterait stable et dont les mariages, les naissances et les migrations seraient contrôlés par les magistrats. Ces derniers fixeraient le nombre de mariages et arrangeraient les unions, favoriseraient certaines naissances et en condamneraient d'autres, régleraient les expatriations ou l'immigration en cas de besoin : une machine mise au service de la cité-État du point de vue du nombre et de la qualité.
Ces vues ont été reprises et développées par certains gouvernements et certains théoriciens à partir de l'époque moderne. En France, Colbert a tenté d'encourager la natalité en versant des primes aux pères nobles de dix enfants et plus (1666), il a favorisé l'émigration de populations destinées à peupler la Nouvelle-France (Canada français). Plus tard, au XIXe siècle, la France s'engagera dans une tentative de lutte contre la « dépopulation », avec un succès bien difficile à mesurer.

Platon (428-347/48 av. J.-C.) rêvait d'une cité-État où des lois restrictives permettraient de contrôler le nombre et la qualité de la population.

Robert Malthus (1766-1834). En 1798, ce pasteur anglais préconisa une stricte limitation des naissances fondée sur la responsabilité individuelle.

En 1798, le pasteur anglican Malthus (1766-1834), critiquant les idées avancées par certains économistes ou philosophes qui préconisaient l'intervention de l'État pour réguler la répartition des richesses dans la population, relance le débat de façon tout à fait nouvelle. Il croit pouvoir démontrer que, sans obstacles, la population croît plus vite que les subsistances. Historiquement, ce sont les guerres, les famines et les épidémies qui ont ramené périodiquement la population au niveau des subsistances. La seule solution pour sortir de ce piège consiste, selon le pasteur, à se marier tard et à rester chaste, de façon à avoir seulement le nombre d'enfants que l'on est individuellement capable de nourrir. Malthus met donc l'accent sur la responsabilité individuelle, écartant toute idée d'intervention publique. C'est cette théorie qui sera reprise par les économistes libéraux, avant de donner naissance au courant néo-malthusien au milieu du XIXe siècle.

Le néo-malthusianisme

Pour limiter les naissances, le courant néo-malthusien préconise de recourir à des méthodes diverses, dont la contraception. À la même époque, le Britannique Francis Galton développe la théorie eugéniste : ce qui importe pour le bien-être de la population, c'est moins le nombre que la qualité des individus. Pour améliorer l'espèce, il faut étudier scientifiquement les conditions les plus favorables à la reproduction et rassembler les données issues de plusieurs disciplines (biologie, hygiène, sociologie). Au XXe siècle, des États comme l'Allemagne nazie, le Japon ou l'Italie fasciste ont mis en place des politiques visant à accroître la population et à « améliorer la qualité » de celle-ci. Les visées à la fois populationnistes et eugénistes de la politique nazie apparaissent clairement dans les mesures visant à favoriser les mariages et les naissances de certaines catégories sociales, et à éliminer les handicapés et certains groupes ethniques (ou minorités). Grâce à des techniques politiques, comme la propagande, ou encore certaines mesures fiscales et sociales, l'augmentation de la natalité dans ces différents pays est patente, mais elle s'est faite dans la contrainte et la brutalité, ce qui a conduit au rejet total de ces politiques au lendemain de la guerre.

Après 1945, les anciens pays belligérants se lancent dans la reconstruction et le développement économique, ce qui, sauf dans des cas particuliers comme la France, laisse un peu de côté l'intérêt d'un interventionnisme d'État. La mortalité diminue rapidement.
La question des rapports entre démographie et développement revient en force lorsque les pays industrialisés s'aperçoivent que cette transition de la mortalité touche aussi les pays pauvres, engendrant des accroissements de la population considérables. Certains pays, dont les États-Unis, soutiennent alors le mouvement du *birth control*, visant à faire baisser la fécondité. Ils expérimentent à Porto Rico les nouvelles méthodes contraceptives, la pilule.

Vers un consensus ?

La réaction des pays pauvres est rapide et un mouvement d'opposition à la politique préconisée par les États-Unis s'est constitué dans l'enceinte des Nations unies. Au congrès de Bucarest sur la population en 1974, des pays comme l'Algérie, le Sénégal et la Chine affirment que la meilleure pilule, c'est le développement économique et social. Un délégué du Sénégal affirme : « *Un coup mortel a été donné à l'illusion que la planification familiale est la panacée du tiers-monde.* » L'antagonisme entre pays riches et

Centre de planning familial à Calcutta. Par la mise en place de programmes d'information, l'Inde est parvenue à un indice national de 3,1 du nombre d'enfants par femme en 2003.

pays pauvres atteint alors son paroxysme. Pourtant, après Bucarest, les positions ont bien changé : la Chine ne lance-t-elle pas à la fin de la décennie 1970 sa politique de limitation des naissances? L'Algérie et le Mexique mettent en place également des mesures visant à ralentir la croissance (âge au mariage, protection maternelle et infantile, accès aux moyens de contraception modernes). L'exemple du Mexique est symptomatique : alors que ce pays refuse en 1974 tout objectif chiffré en matière de taux d'accroissement démographique, il préconise trois ans plus tard de ramener le taux d'accroissement annuel moyen de 3,2 % à 1 % par an avant l'an 2000. Curieusement, les États-Unis eux-mêmes changent radicalement de point de vue, préconisant au congrès de Mexico en 1984 l'initiative individuelle, la libre entreprise, et critiquant l'intervention de l'État. Dix ans plus tard, au Caire, ce pays refuse d'accorder son aide à tout État autorisant le recours à l'avortement.

Finalement, une position commune s'est dégagée : le développement économique et social est une condition nécessaire à la baisse de la croissance démographique, car le développement conditionne la baisse de la mortalité, par des mécanismes comme la diffusion de l'instruction, l'amélioration des infrastructures (eau, égouts...), la mise en place de centres de soins... Or la baisse de la mortalité est un préalable à la baisse de la fécondité.

D'un autre côté, le développement est une condition non suffisante à la baisse rapide de la croissance démographique. La croissance démographique présente une inertie dont il faut tenir compte ; par ailleurs, les changements d'attitude en profondeur sont lents. Les programmes de planification familiale peuvent alors avoir une certaine efficacité s'ils sont intégrés dans des

Le Nord et le Sud : vieux mondes et mondes en développement

La puissance économique des pays les plus riches de la planète s'explique en partie par leur apogée démographique au XIXe et au XXe siècle : en 1900, un homme sur trois vivait dans un pays développé. Après 1950, ce dynamisme géographique s'efface puisqu'en 2000 les pays développés ne regroupent plus que 20 % de la population de la planète. Entre 1900 et 2000, la part prise par l'Europe diminue de moitié (12 % au lieu de 25 %). Pendant ces deux siècles, l'ensemble des pays moins développés régresse dans un premier temps (76 % en 1800, 67 % en 1900), pour prendre ensuite son essor (80 % en 2000). Le basculement du dynamisme démographique relatif des deux ensembles de pays aura donc caractérisé les deux derniers siècles.

Affiche du parti démocrate chrétien belge (1952). Elle rappelle l'encyclique de Léon XIII (*Rerum Novarum*, « Ces choses nouvelles ») dans laquelle l'Église stigmatise les socialistes qui «brisent les liens de la famille».

Orphelinat roumain (1997). La répression brutale de l'avortement sous le régime Ceausescu a entraîné une hausse des naissances provoquant de nombreux abandons.

programmes de développement économique et social. La conférence du Caire, en 1994, ainsi que la conférence de Pékin sur les femmes ont mis en relief le rôle du statut des femmes dans la modification des comportements : une instruction plus poussée et un statut plus autonome permettent aux femmes de mieux ajuster leurs choix en matière familiale.

Distribution de la population depuis 1800

	Populations en millions				En % de la population mondiale			
	1800	1900	1950	2000	1800	1900	1950	2000
Monde	**978**	**1 650**	**2 521**	**6 055**	**100**	**100**	**100**	**100**
Pays plus développés	**236**	**539**	**813**	**1 188**	**24**	**33**	**32**	**20**
Amérique du Nord	7	82	172	310	1	5	7	5
Europe	203	408	547	729	21	25	22	12
Japon, Australie, Nouvelle-Zélande	26	49	95	149	3	3	4	2
Pays moins développés	**742**	**1 111**	**1 709**	**4 867**	**76**	**67**	**68**	**80**
Afrique	107	133	221	784	11	8	9	13
Asie (sans le Japon)	611	904	1 321	3 563	62	55	52	59
Amérique latine et Caraïbes	24	74	167	519	2	4	7	9

La grande question du vieillissement

La transition démographique s'est également accompagnée d'un autre phénomène majeur, à savoir l'augmentation de la part des personnes âgées dans la population, phénomène communément appelé, non sans ambiguïté, vieillissement de la population.

On ne saurait en effet confondre le vieillissement des individus, phénomène biologique inéluctable en l'état actuel de la science, même s'il peut être freiné par des pilules de jouvence, et le vieillissement démographique, phénomène qui n'a rien de biologique mais qui est social, résultant des effets mêmes de la transition. Que se passe-t-il pendant la transition ? Premièrement, comme on l'a vu, survient la baisse de la mortalité. Ce processus commence par engendrer un phénomène inverse à celui du vieillissement, car les jeunes générations qui survivent sont de plus en plus nombreuses, du fait de la baisse rapide de la mortalité des enfants.

Plusieurs pays ont d'abord connu un relatif rajeunissement de leur population au cours de la première phase de la transition. Prenons le cas de l'Algérie : entre 1948 et 1988, la part des moins de 20 ans est passée de 53 % à 58 % de la population. On retrouve le même phénomène en Chine : entre 1953 et 1964, la part des jeunes de moins de 15 ans a augmenté de 36,3 % à 40,7 %, tandis que la part des personnes âgées (65 ans et plus) passait de 4,4 % à 3,6 %.

Les premiers temps de la transition démographique peuvent donc s'accompagner d'un rajeunissement de la population. C'est lorsque la fécondité commence à baisser que la part des plus âgés commence à croître, au détriment des plus jeunes : on observe un transfert vers les classes d'âges adultes, puis âgées. Le mouvement est d'abord lent, puis il s'accélère au fur et à mesure que le nombre moyen d'enfants par femme diminue.

Car l'effet de la baisse de la fécondité est amplifié par un autre phénomène qui prend la relève, la longévité accrue des populations âgées. Cette fois-ci, c'est l'augmentation de la survie du troisième âge qui contribue au vieillissement de la population, entraînant une augmentation relative des classes du haut de la pyramide. Ces trois phénomènes successifs – baisse de la mortalité des enfants, baisse de la fécondité, augmentation de la survie des personnes âgées – conduisent donc à une modification de l'équilibre entre les groupes d'âges qui composent la population.

Modèle chinois, modèle suédois

Pour reprendre l'exemple de la Chine, la part des personnes âgées a commencé à croître après 1964, passant de 3,6 % à cette date à 10,5 % en 2000. Les pays entrés dans la transition démographique depuis deux siècles connaissent des pourcentages de personnes âgées bien supérieurs à ceux de la Chine. En Suède, la part des 60 ans et plus est passée de 8,8 % en 1800 à 11,9 % en 1900, puis à 14,9 % en 1950 pour atteindre 22 % en 2000. Près du quart de la population suédoise dépasse aujourd'hui 60 ans.

Nouveaux problèmes, nouveaux défis

C'est ce déséquilibre qui peut poser problème. Le rajeunissement qu'ont connu certains pays peu développés a pu être lourd de conséquences car la population adulte disponible pour assurer les tâches de production (agriculture, industrie, services) était relativement faible comparée à la population des jeunes dont la survie dépend du travail des adultes. À l'inverse, le poids croissant des personnes âgées peut être également lourd car la charge de ces dernières dépend également des adultes dont la proportion diminue. Or les individus âgés ont des besoins financiers et humains importants, surtout s'ils atteignent des âges très élevés, comme c'est de plus en plus le cas dans les pays industrialisés. Le nouvel équilibre qui s'instaure entre « actifs » et « inactifs » nécessite alors des ajustements qui respectent le principe de l'équité entre les générations et n'écrasent pas sous le poids des charges les adultes au travail.

Le phénomène est massif et va se poursuivre au XXIe siècle, touchant progressivement tous les pays du monde. Caractéristique d'abord des pays industriels entrés plus tôt dans le processus de la transition, il s'étend au monde entier : c'est un phénomène universel. On peut s'attendre à un doublement de la proportion des personnes de 60 ans et plus de 2000 à 2050, le rapport passant de 10 % à 21 %.

Enfant sur le dos de sa grand-mère. Ces deux générations caractérisent bien la situation démographique actuelle de la Chine : une longévité accrue de la population âgée et une baisse constante de la fécondité.

Le nouvel équilibre démographique

La fenêtre démographique est un phénomène trop souvent négligé et pourtant important dans ses conséquences possibles pour le développement économique et social.

Affiche d'un planning familial de Singapour (1972). Au moyen de lois restrictives, ce pays a atteint en 2005 une moyenne de 1,3 enfant par femme.

Entre le moment où la mortalité décroît (et où la population peut « rajeunir ») et celui où la fécondité décroît, amorçant le processus du vieillissement, il existe une courte période pendant laquelle la part des adultes augmente significativement par rapport à celle des jeunes et à celle des personnes âgées. Pendant quelque temps, en effet, la baisse de la fécondité induit une diminution relative de la part des jeunes, tandis qu'elle gonfle la part des adultes, sans pour autant induire encore un accroissement de la part des individus âgés. C'est ce moment que le démographe français Jacques Vallin a proposé d'appeler « fenêtre démographique », signifiant par là qu'il existait pour chaque pays un moment démographique favorable lorsqu'une population compte plus d'adultes, donc potentiellement plus de personnes au travail qui s'investissent davantage dans les tâches directement productives : construction d'infrastructures, production de biens de consommation...

LEXIQUE

[Le rapport de dépendance] se calcule en rapportant la somme des populations jeunes et âgées (par exemple moins de 15 ans, 65 ans et plus) à la population adulte (15-64 ans).

Structure par âge (en %) et rapport de dépendance en 2005

	Chine	Afrique	Europe de l'Ouest
0-14 ans	22	42	17
15-64 ans	70	55	66
65 ans et +	8	3	17
Rapport de dépendance	0,43	0,82	0,52

Le rapport entre personnes dépendantes (jeunes et âgées) et personnes actives est alors favorable. À ce temps, qui est court, succède inexorablement le temps du vieillissement. Les rapports de dépendance que l'on observe pour l'ensemble de l'Afrique, pour la Chine et pour l'Europe de l'Ouest à une même date (2005) illustrent les situations contrastées qu'affrontent ces populations.

Les moins de 15 ans dans le monde en 2005

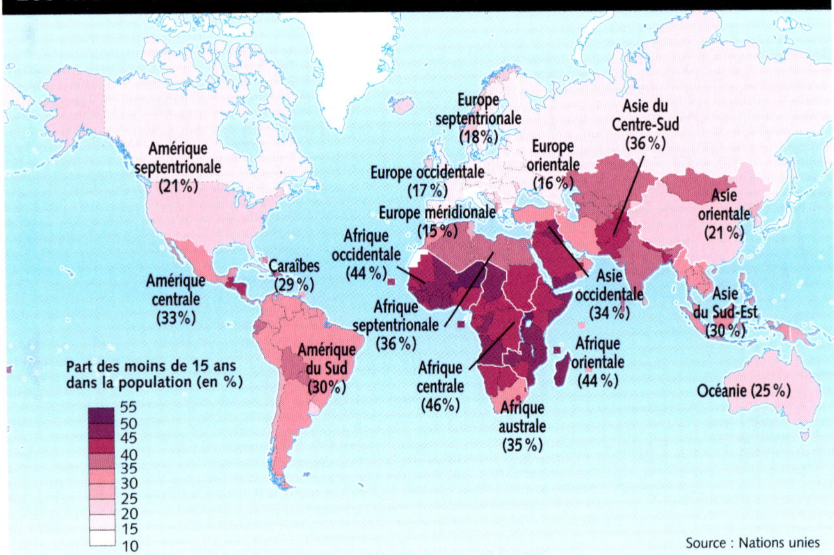

Source : Nations unies

La faiblesse de la fécondité dans l'ensemble de l'Europe se traduit par des pourcentages de jeunes de moins de 15 ans inférieurs à 20%. La proportion des jeunes est plus du double en Afrique, sauf aux deux extrémités du continent.
Curieusement, les proportions observées en Amérique du Nord et en Asie orientale (Chine, Corées, Japon...) sont identiques – 21 % –, traduisant pourtant une chronologie bien différente de l'évolution de la fécondité (processus ancien aux États-Unis et tout à fait récent en Chine).

La Chine et l'Europe (en partie pour cette dernière du fait des migrations) connaissent un rapport de dépendance deux fois moins élevé que l'Afrique dans son ensemble (alors même que ce continent s'est vu imposer des restrictions budgétaires par les organismes internationaux). Dans cette région, la charge qui pèse sur les adultes est très lourde. Mais dès que la baisse de la fécondité va faire sentir ses effets, le rapport de dépendance va s'améliorer, allégeant cette charge. Alors, comme en Chine ou en Europe et dans bien d'autres pays (notamment la Corée du Sud, la Thaïlande ou encore Singapour ou Hongkong), près des deux tiers des adultes pourront se consacrer aux tâches de production. L'épidémie du sida risque néanmoins de brouiller cette chance en Afrique car la maladie touche justement surtout les jeunes adultes. À l'inverse, en Europe et en Chine, la montée du troisième âge va s'accélérer au XXIe siècle, au fur et à mesure que les générations creuses nées après 1970 vont succéder aux générations nombreuses de l'après-guerre. L'augmentation du rapport de dépendance se fera au rythme même de la baisse de la fécondité.

Les 65 ans et plus dans le monde en 2005

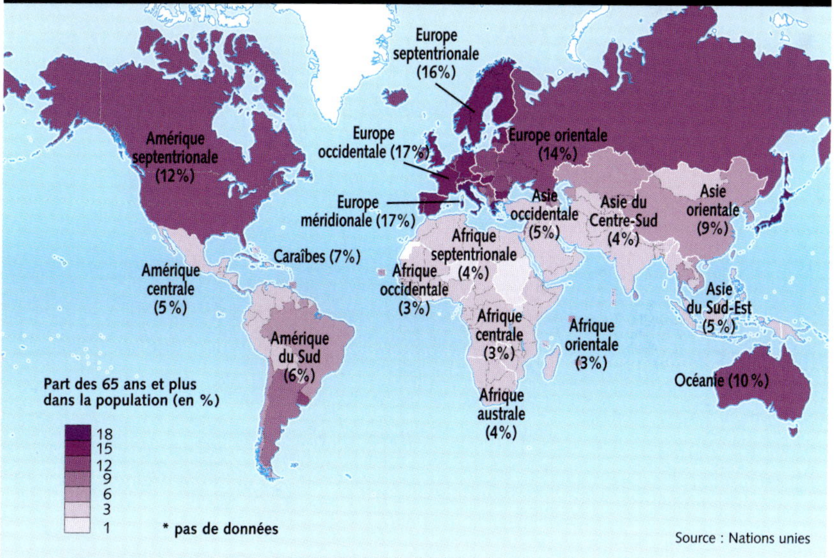

Le contraste est frappant entre les pays vieillissants du Nord, et surtout de l'Europe de l'Ouest, ce qui traduit leur ancienneté dans le processus de transition démographique et la faiblesse de leur fécondité, et, d'autre part, les pays du Sud, qui continuent d'avoir des proportions faibles de personnes âgées (Afrique et Asie du Centre-Sud, notamment). Mais le vieillissement est inévitable et gagnera tous les pays de la planète au XXIe siècle.
L'Amérique du Nord et les pays d'Europe orientale, mais pour des raisons différentes, ont une part de personnes âgées inférieure à ce que l'on observe en Europe de l'Ouest. C'est l'effet de l'immigration aux États-Unis et de la moindre longévité en Europe orientale.

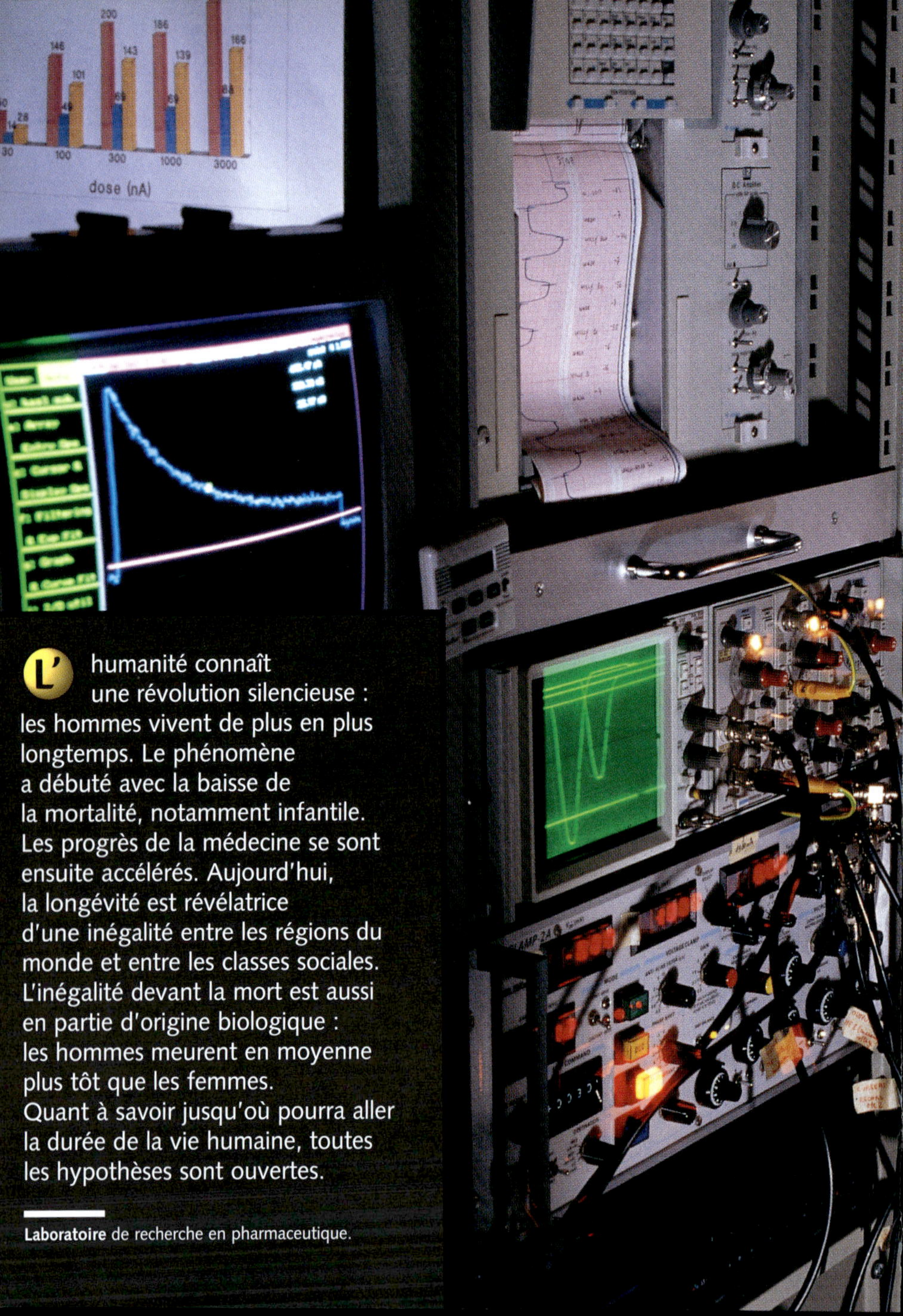

L'humanité connaît une révolution silencieuse : les hommes vivent de plus en plus longtemps. Le phénomène a débuté avec la baisse de la mortalité, notamment infantile. Les progrès de la médecine se sont ensuite accélérés. Aujourd'hui, la longévité est révélatrice d'une inégalité entre les régions du monde et entre les classes sociales. L'inégalité devant la mort est aussi en partie d'origine biologique : les hommes meurent en moyenne plus tôt que les femmes. Quant à savoir jusqu'où pourra aller la durée de la vie humaine, toutes les hypothèses sont ouvertes.

Laboratoire de recherche en pharmaceutique.

Vivre plus longtemps

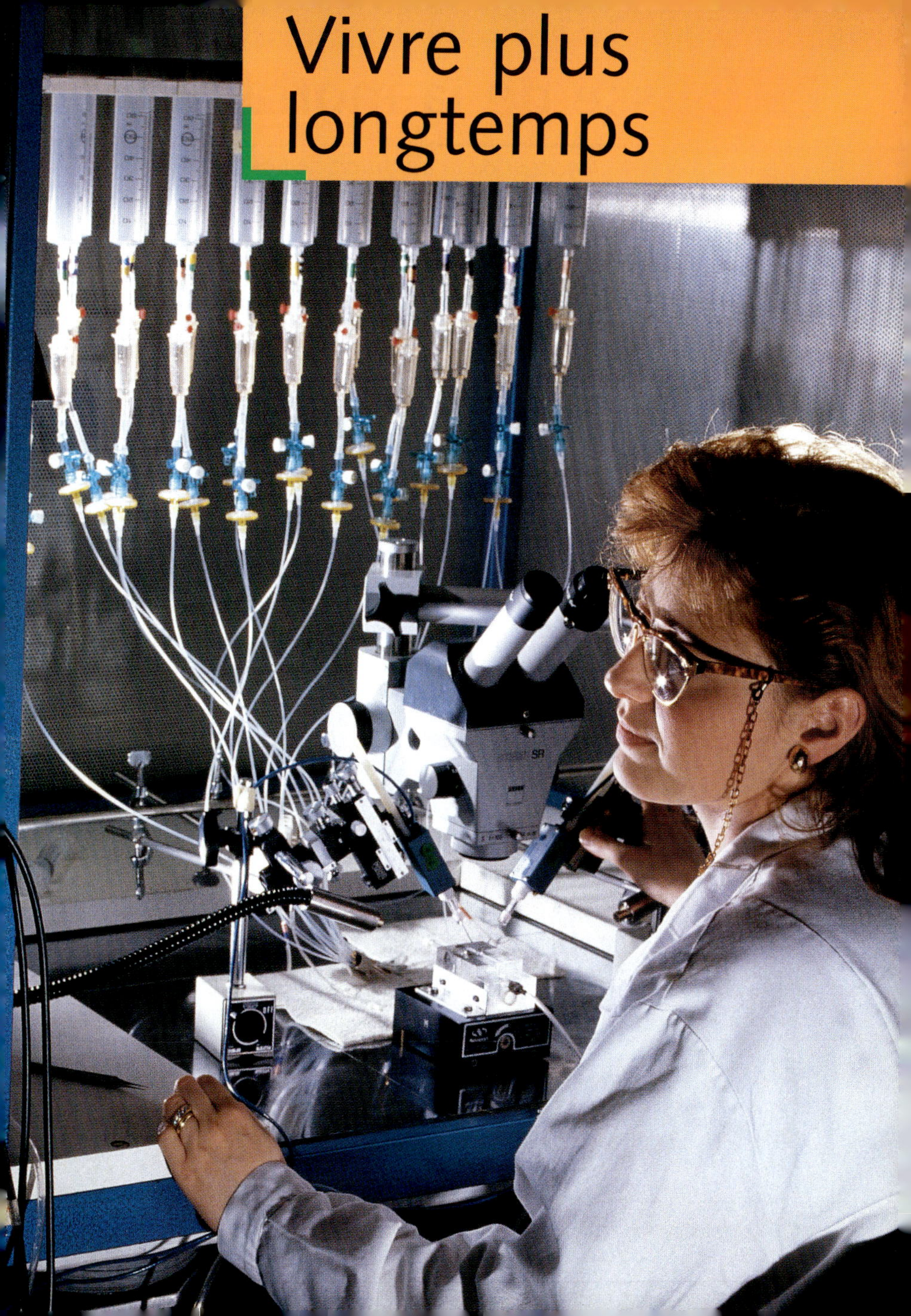

La baisse de la mortalité

Le phénomène déclencheur de la transition démographique est sans conteste la baisse de la mortalité. Pour la première fois de l'histoire de l'humanité, de façon profonde et massive, l'homme a réussi à faire sauter le verrou qui, durant des millénaires, avait enserré la croissance démographique dans des limites très étroites.

Progressivement – mais, replacée aux dimensions de l'histoire de l'humanité, très rapidement –, la mortalité a régressé. Dépassant sans doute 40 ‰ au XVIIIe siècle, elle n'est plus de nos jours que de 9‰. On compte donc aujourd'hui quatre fois moins de décès pour mille habitants qu'il y a deux siècles, malgré un vieillissement sensible de la population. Ce changement majeur qui s'est opéré est peut-être la condition des grandes transformations de l'économique et du social (révolution industrielle, urbanisation, développement de l'instruction...), tout comme ces dernières sont en partie la cause de ce changement. Les deux mouvements se sont mis en route en même temps, ce qui plaide pour une interprétation en termes d'interactions complexes entre le démographique et le socio-économique, sans négliger la dimension culturelle et politique (naissance de régimes démocratiques).
Traduit en termes d'espérance de vie à la naissance, ce changement est encore plus parlant : au XVIIIe siècle, un paysan (ou une paysanne) européen pouvait espérer vivre en moyenne 25-27 ans ; aujourd'hui, un Américain des États-Unis vit 77 ans, et un citoyen du monde 67 ans (2005, moyenne des deux sexes).
Pour le monde occidental, l'espérance de vie a triplé en deux siècles.
La baisse de la mortalité ne s'est pas fait sentir de la même façon aux différents âges de la vie. C'est la baisse de la mortalité dans l'enfance et la jeunesse qui explique la poussée de l'espérance de vie à la naissance dès le XIXe siècle, provoquant, pendant un temps, le rajeunissement de la population.
Les adultes ont eux aussi profité des progrès, mais moins fortement que les jeunes. Enfin, jusqu'à la Seconde Guerre mondiale, l'espérance de vie aux âges élevés, disons 60 ans, n'a guère augmenté ; celle-ci n'a décollé qu'après 1945.

Évolution de la mortalité féminine : comparaisons des quotients de mortalité en 1806 et en 2005 (France)

Probabilités de décès (‰)	1806	2005	Indice 2005 (base 100 en 1806)
Entre la naissance et un an	175,3	2,9	1,65
Entre 1 et 5 ans	151,0	0,7	0,46
Entre 30 et 40 ans	120,8	6,4	5,30
Entre 70 et 80 ans	659,1	162,0	24,58

L'espérance de vie à la naissance

Quelle est la signification exacte d'une espérance de vie de 25 ans au XVIIIe siècle et de 67 ans aujourd'hui? Cela veut-il dire qu'il y a deux siècles personne ne dépassait 25 ans et qu'aujourd'hui tout le monde atteint 67 ans? Il n'en est rien. Hier, beaucoup de personnes mouraient très tôt, à la naissance et dans les premières années. Plus de la moitié d'une génération avait disparu avant 20 ans. Parmi les survivants, certains pouvaient vivre assez âgés. Dans les sociétés traditionnelles, les vieillards jouissaient d'un statut souvent privilégié : les ans leur avaient permis d'accumuler sagesse et savoirs dont la société reconnaissait toute la valeur. Aujourd'hui, dans les pays industrialisés, beaucoup plus rares sont les personnes qui meurent dans l'enfance (avec de fortes variations régionales) et à l'âge adulte : les décès se concentrent aux âges élevés, voire très élevés. L'espérance de vie est de plus de 80 ans ; 1 % des décès ont lieu avant le cinquième anniversaire et la moitié des décès se produit après 75 ans. Le statut de vieillard – on utilise des euphémismes comme personne âgée ou personne du troisième âge, voire du quatrième âge – s'est amélioré (retraites), alors que, dans le même temps, les personnes âgées ont perdu de leur prestige (les « sages »). L'espérance de vie à la naissance se calcule en cumulant les années vécues par les différents groupes d'âge d'une population et en divisant cette somme par la population totale. C'est donc une moyenne des années vécues par les jeunes, les adultes et les individus âgés. Ce calcul ne peut se faire qu'à partir d'une table de mortalité, qui indique pour une population multiple de dix la répartition des décès et les probabilités de décès entre deux anniversaires ainsi que les survivants à chaque anniversaire.

La mort emportant un enfant (1526). Jusqu'à la fin du XVIIe siècle, la mortalité infantile était très forte dans les pays d'Europe.

Depuis, les années supplémentaires sont dues au succès de la lutte contre la mortalité aux grands âges, ce qui contribue au vieillissement de la population.

La mortalité a d'abord littéralement fondu aux jeunes âges : en effet, les plus jeunes ont été les premiers à bénéficier des progrès. En près de deux siècles, en France, la mortalité infantile des filles a baissé de plus de 170 points, passant de 175‰ en 1806 à 3‰ en 2005, soit une diminution de plus de 98 %.

Carte *(pages suivantes)*

Au cours des dernières décennies, l'espérance de vie à la naissance a augmenté dans le monde entier, mais dépend largement de la situation sanitaire des pays et des conditions matérielles d'existence.

Espérance de vie à la naissance

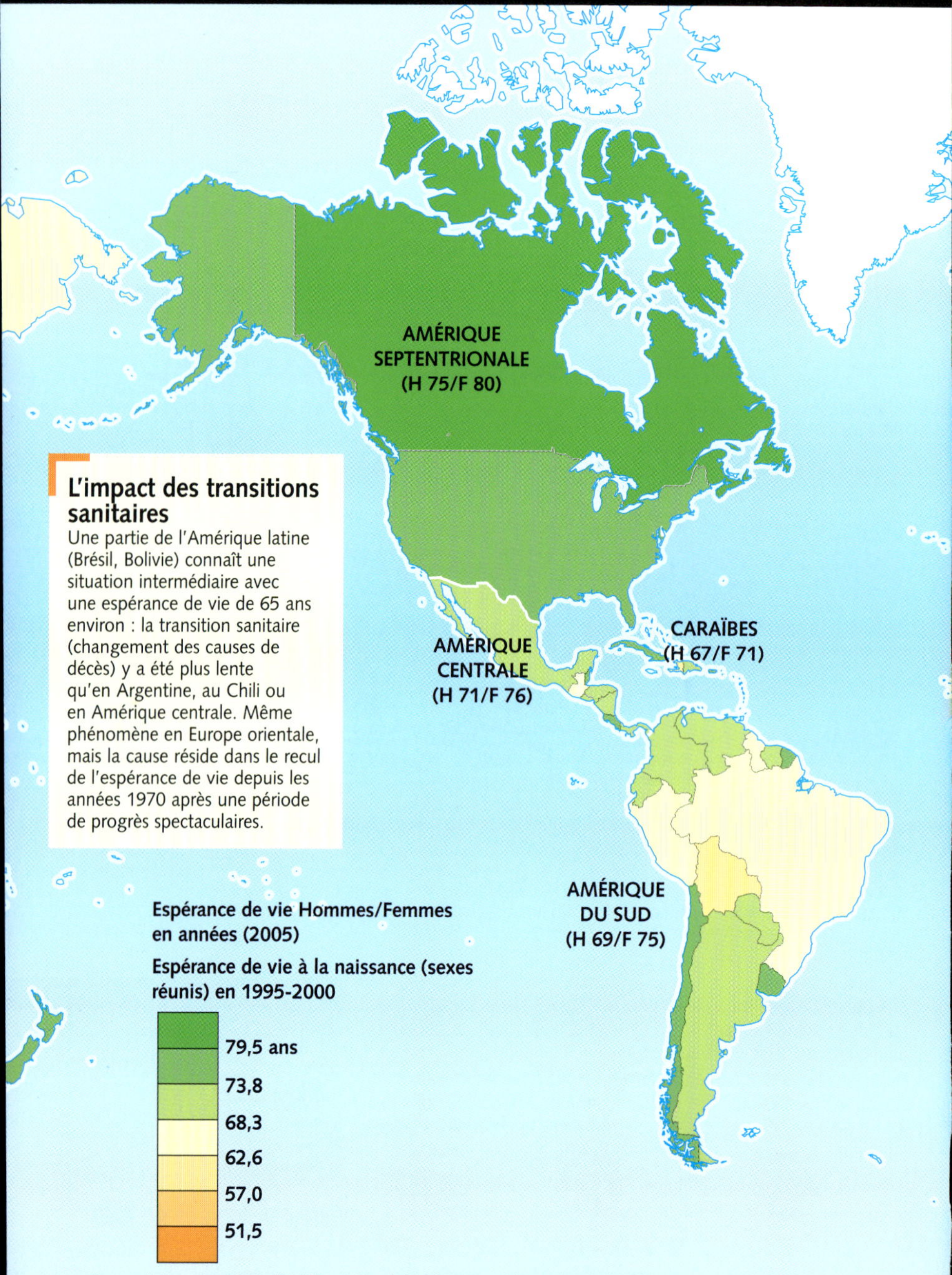

L'impact des transitions sanitaires

Une partie de l'Amérique latine (Brésil, Bolivie) connaît une situation intermédiaire avec une espérance de vie de 65 ans environ : la transition sanitaire (changement des causes de décès) y a été plus lente qu'en Argentine, au Chili ou en Amérique centrale. Même phénomène en Europe orientale, mais la cause réside dans le recul de l'espérance de vie depuis les années 1970 après une période de progrès spectaculaires.

Sources : Nations unies et G. Caselli, J. Vallin, G. Wunsch, *les Déterminants de la mortalité*, INED, 2002.

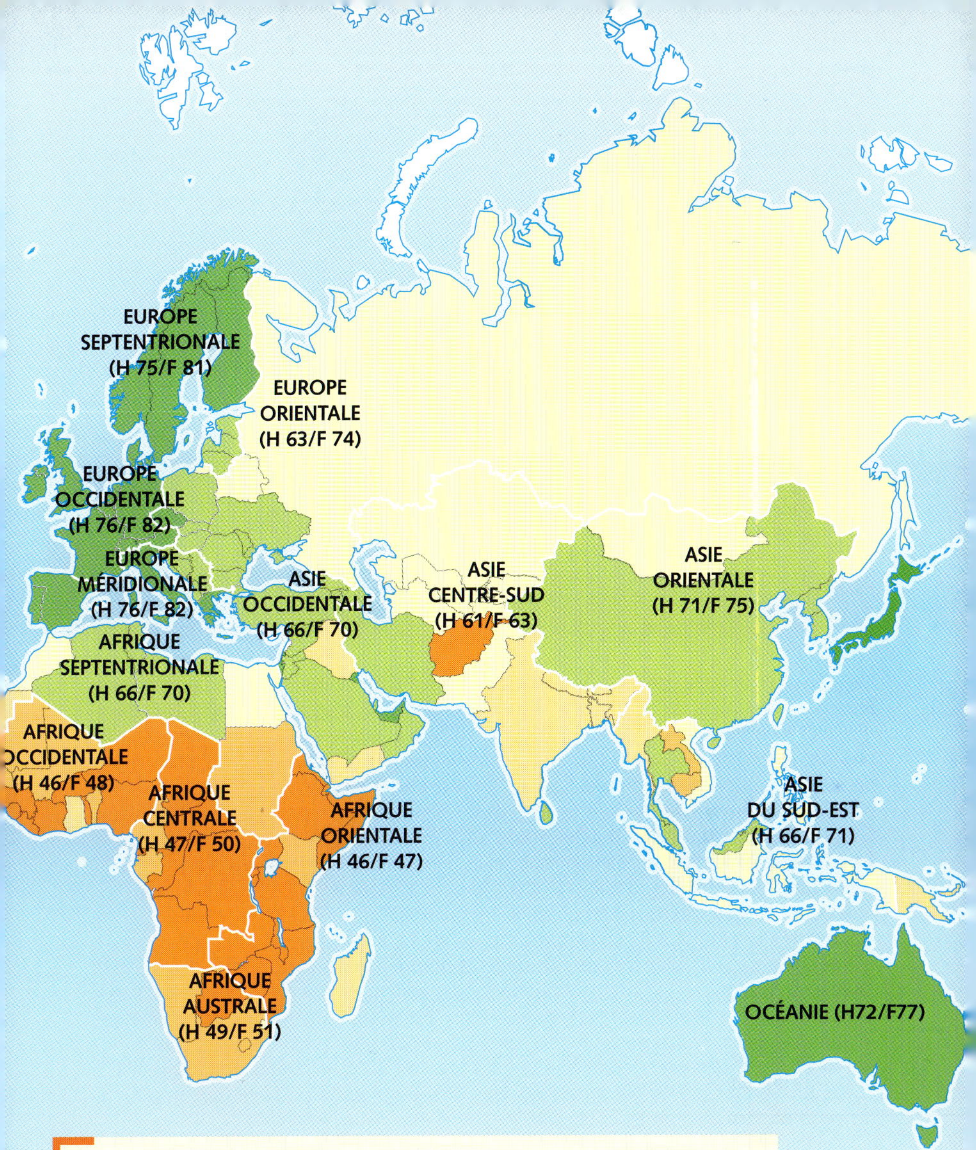

Des disparités frappantes

La carte reflète bien les inégalités en matière de santé dans le monde. L'espérance de vie d'un pays comme le Japon (82 ans) est le double de ce qu'elle est au Sierra Leone (40 ans), exprimant l'opposition pays industrialisés-pays pauvres. La faible espérance de vie en Afrique s'explique par des facteurs variés : mortalité infantile encore forte en l'absence de vaccination généralisée, incidence élevée des maladies infectieuses et parasitaires, effet du sida, faiblesse des infrastructures de type adduction d'eau potable, etc.

Vaincre la mortalité infantile

Les enfants sont les victimes de maladies contagieuses spécifiques (rougeole, variole, oreillons, coqueluche, diphtérie, typhoïde...).
Toute amélioration de l'environnement (eau notamment, mais aussi habitat) et de l'alimentation (lait) et toute action spécifique sur les maladies de l'enfance (par le biais des vaccins) se répercutent sur les probabilités de décès. Dans de nombreux pays européens, la mortalité infantile a « décroché » une première fois vers 1800, au moment des premières campagnes de vaccination antivariolique, dans un contexte climatique favorable. Elle a décroché une seconde fois vers 1900, à la suite des transformations de l'environnement urbain, des nouvelles découvertes en matière de traitement de maladies comme la diphtérie (sérum de Roux, 1894) et de technologies appropriées concernant le lait. Plus tard, différents vaccins, dont le BCG, ont permis de vaincre la plupart des maladies touchant les enfants, et des médicaments nouveaux ont guéri nombre d'infections, pulmonaires notamment.

Albert Calmette (1863-1933), médecin français, découvrit et mit au point avec Camille Guérin la vaccination contre la tuberculose (BCG).

Dépasser le cap de la première année – c'était le lot d'un cinquième d'une génération féminine – est aujourd'hui l'expérience commune : 0,3 % seulement d'une génération disparaît avant 1 an. De même, la mortalité entre 1 et 5 ans a beaucoup régressé, plus nettement encore que la mortalité infantile : en deux siècles, le risque a baissé de 99 %. Le quotient de mortalité entre 1 et 5 ans en 2005 ne représente plus, pour le sexe féminin, que moins de 1 % de la valeur observée pour l'année 1806 (voir tableau p. 48). À l'âge adulte (30-40 ans), le même indice atteint 5 %, et vers 70 ans, 25 %. Partout dans le monde, le cheminement de la transition de la mortalité est le même : d'abord le recul de la mort pour les âges les plus jeunes, puis pour les âges adultes, enfin pour les âges élevés.
Les progrès ont été plus lents, et surtout plus tardifs, au-delà de 60 ans : en fait, on n'enregistre de véritables progrès, en tout cas pour le sexe masculin, que depuis 1945. Mais il est vrai que le rythme de l'augmentation de l'espérance de vie à cet âge s'est depuis accéléré, surtout pour les femmes. Ainsi, en 1946, l'espérance de vie féminine à 60 ans était en France de 17,9 ans, soit 4,94 ans de plus qu'en 1806 ; en 1974, elle avait gagné 3,4 ans, s'établissant à 21,3 ans ; en 2005, elle atteignait 26,4 ans. C'est cette progression de la survie aux âges élevés qui participe au renforcement du vieillissement de la population (vieillissement dit « par le sommet »).

La transition sanitaire

Le terme s'applique au changement à long terme des causes majeures de décès. Les maladies infectieuses et aiguës sont peu à peu supplantées par les maladies chroniques et dégénératives.

Le déclin initial résulte largement de la diminution des maladies infectieuses, notamment chez les plus jeunes. Au fur et à mesure que les enfants survivent et vieillissent, ils sont exposés aux facteurs de risque liés aux maladies chroniques et aux accidents. Et comme la baisse de la fécondité entraîne un vieillissement de la population, les nombres croissants de gens âgés transforment le profil général de la morbidité dans le sens d'une incidence croissante des maladies dégénératives.

Des transitions décalées dans le temps

En somme, les transformations profondes du tableau des maladies affectant l'homme contemporain font partie intrinsèque du processus démographique, même si certains savants estiment que les maladies, et le système complexe qu'elles forment entre elles et avec le monde vivant, «vivent leur vie» de façon largement indépendante des grandes évolutions de la population. Il importe de cerner les différents aspects et les différentes formes de ces transitions, puisque de cette compréhension dépendent nombre de décisions collectives prises ou à prendre concernant la santé des hommes. Si tous les pays du monde ont déjà commencé cette transition de santé, leur degré d'engagement varie considérablement. Très avancée dans les pays industrialisés, la transition sanitaire est également en bonne voie en Amérique latine et dans la région caraïbe. En Asie, le paysage épidémiologique est plus varié, avec des progrès remarquables et rapides comme en Chine ou en Corée, et des rythmes d'évolution plus lents en Asie du Sud (Inde, Bangladesh). C'est en Afrique que les progrès ont été plus tardifs : ils sont parfois spectaculaires, mais c'est dans ce continent que l'on enregistre les plus vastes zones de mortalité élevée, avec une nette prédominance des maladies infectieuses et parasitaires.
Le recul des maladies infectieuses au profit des cancers et des maladies cardio-vasculaires constitue en effet le paysage de fond de cette transition. Dans tous les pays qui ont une espérance de vie encore faible (Afrique subsaharienne, quelques pays d'Amérique latine, plusieurs pays asiatiques), en revanche, les maladies infectieuses continuent de dominer. Ces maladies touchent particulièrement les enfants (rougeole, paludisme), mais aussi les adolescents et les adultes.

Les pathologies du développement

En Corée, par exemple, l'espérance de vie a augmenté de vingt ans entre 1930 et 1980 : les maladies infectieuses et parasitaires, les maladies de l'appareil respiratoire et de l'appareil digestif, qui provoquaient 50,5 % des décès en 1930, n'étaient plus à l'origine que de 16,7 % de ceux-ci en 1980. Ce sont les cancers, les maladies du système circulatoire, les morts violentes et les maladies liées à la vieillesse qui ont pris la première place, causant 78,5 % des décès en 1980. En France, en 1990, les maladies cardio-vasculaires formaient la première cause de décès, provoquant 38 % de ceux-ci (27 % pour les cancers).

Anciennes et nouvelles maladies

Le mouvement général de la baisse de la mortalité n'est ni linéaire ni uniforme. Il existe par exemple des cas où l'espérance de vie aux âges élevés stagne, parfois même décline. De même, la mortalité adulte peut n'enregistrer que de faibles progrès, voire s'aggraver.

Du milieu des années 1960 aux années 1980, dans des pays comme la Tchécoslovaquie, la Roumanie, la Yougoslavie, la Bulgarie et la Pologne, la mortalité des hommes adultes, au lieu de diminuer comme dans la plupart des pays industrialisés, a crû de 20 à 40 %.

Vente d'alcool au marché noir en Russie. L'alcoolisme, nouvelle maladie de société, est la cause d'une forte surmortalité masculine.

Des habitudes de vie, telles que des régimes alimentaires plus gras et plus salés, l'excès d'alcool et de tabac, le manque d'exercice expliquent l'augmentation des maladies cardio-vasculaires et des maladies digestives, à quoi s'ajoute la progression des morts violentes et des accidents. La preuve *a contrario* de cette incidence des modes de vie est fournie par l'augmentation momentanée, mais extrêmement nette (en 1985-1986), de l'espérance de vie masculine en URSS lorsque Gorbatchev prit des mesures restrictives vis-à-vis de l'alcool.

Disparition de la variole

Une seule maladie a été véritablement et totalement éradiquée de la surface de la Terre, la variole (le dernier cas a été signalé en 1977 en Somalie), qui a bénéficié du premier vaccin (Jenner, 1796).
À la fin de l'été 1994, la peste, sous ses deux formes, bubonique et pulmonaire, sévissait en Inde, là où, un an auparavant, s'était produit un violent tremblement de terre, qui avait lui-même détruit les fragiles filets de protection sanitaire.
Le choléra réapparaît périodiquement dans les régions en conflit d'Afrique (Rwanda) ou en Amérique du Sud.

Il pourrait bien en être de même dans certains pays pauvres d'Afrique et d'Asie, là où la consommation d'alcool (de bière notamment) et de tabac progresse à vive allure.
Ces « maladies de l'abondance » pourraient devenir des causes importantes de mortalité au sein même des pays les plus pauvres de la planète, situation d'autant plus grave que les moyens de soigner les malades risquent de manquer.
De plus, des faits récents le prouvent, on est loin d'avoir éradiqué les vieilles pathologies infectieuses ou parasitaires : choléra, peste, paludisme frappent toujours dans les pays pauvres.
Le paludisme, transmis par un moustique, constitue aujourd'hui une grave menace pour des régions entières, affaiblissant les adultes et provoquant plusieurs millions de morts par an. On a cru après la guerre pouvoir éliminer le fléau grâce aux insecticides (destruction des larves des moustiques) et aux médicaments (protection contre la multiplication des parasites dans le sang de l'homme), mais il a fallu rapidement déchanter. En Colombie, on espère pouvoir protéger la population par un vaccin.
Enfin, le sida rappelle brutalement que le monde moderne n'est pas à l'abri de nouvelles maladies, lesquelles émergent parce que le complexe des maladies (pathocénose) continue d'évoluer et que les comportements humains eux-mêmes changent (dans le domaine des relations sexuelles notamment).
Un risque alimentaire nouveau est apparu avec force : la « maladie de la vache folle », liée à une modification du régime alimentaire des animaux.

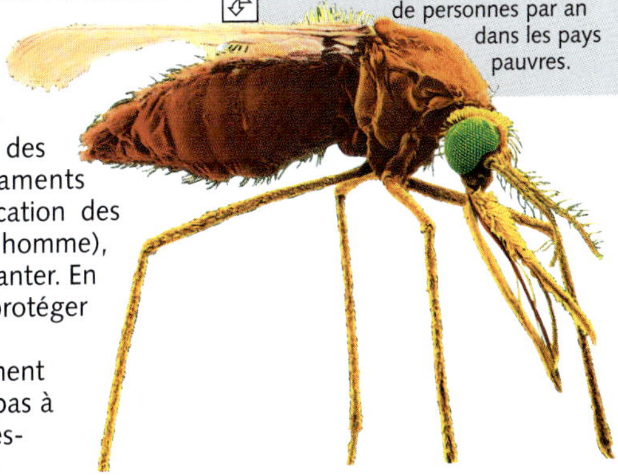

Le paludisme reste aujourd'hui un fléau mondial qui tue plusieurs millions de personnes par an dans les pays pauvres.

L'inégalité devant la mort

On sait que, pour qu'une population se renouvelle dans un pays développé en dehors de l'apport migratoire, il faut à peu près 2,1 enfants par femme. Mais pour la mortalité et l'espérance de vie, il n'y a guère de limites à nos spéculations : jusqu'où peut aller le progrès, où commence l'illusion ?

Les inégalités économiques et sociales

Dans le monde contemporain, l'espérance de vie à la naissance indique avec fiabilité le niveau sanitaire des différents États ; plus généralement, c'est un bon indicateur de développement.

En 2005, les Nations unies évaluaient les espérances de vie aux niveaux suivants : 71-79 ans pour l'Europe (le premier chiffre concerne les hommes, le second les femmes), 73-77 pour l'Océanie, 71-77 pour l'Amérique, 66-69 pour l'Asie, 51-53 pour l'Afrique. Les pays les plus développés sont aussi ceux dont l'espérance de vie est la plus élevée : Hongkong 79-85, Japon 78-85, Suisse 78-85, Islande 79-83, Suède 78-83, Norvège 78-82, Canada 77-82, France et Espagne 77-84, États-Unis 75-80. Le record est détenu par les Japonaises, qui vivent en moyenne 84 ans. De nombreux pays en revanche ne dépassent pas 55 ans : c'est le cas des pays africains dans leur ensemble, sauf en Afrique septentrionale. En moyenne, l'espérance de vie atteint 47-50 ans seulement en Afrique centrale, 46-47 ans en Afrique orientale, 46-48 en Afrique occidentale et 49-51 ans en Afrique australe. Dans ces régions, les hommes et les femmes vivent plus de trente ans de moins qu'en Europe occidentale ou au Japon.

Les inégalités ne sont pas seulement régionales, elles existent au cœur même des sociétés les plus avancées.

Nul doute qu'en Russie, entre les privilégiés du nouveau système et les laissés-pour-compte de la transition vers l'économie capitaliste, la différence s'est accrue fortement au cours des années 1990. En Chine, les provinces n'ont nullement bénéficié de la même façon des progrès accomplis depuis la création de la République populaire de Chine en 1949. En 1990, l'espérance de vie des Shanghaiens se rapprochait de celle des Japonais et des Européens, tandis que celle des provinces pauvres du Sud et de l'Ouest ne dépassait pas celle du Bangladesh (moins de 60 ans).

Riches et pauvres devant la mort

Des enquêtes répétées en France montrent que, loin de se résorber, les inégalités sociales face à la mort persistent et même s'aggravent depuis la crise économique des années 1970. Les cadres supérieurs âgés de 35 ans en 1980-1989 avaient près de huit années de plus à vivre que les ouvriers spécialisés. Aux États-Unis, les différences entre groupes ethniques ne se sont pas atténuées : l'écart était toujours en 1983-1985 de 1 à 2 pour la mortalité infantile entre les Blancs et les Noirs, reflétant les différences d'accès aux soins pendant la grossesse et de couverture sociale.

L'inégalité est-elle seulement biologique ?

Les femmes vivent aujourd'hui plus longtemps que les hommes. Dans le monde, en 2005, l'espérance de vie des hommes est en effet de 65 ans, soit quatre ans de moins que celle des femmes (69 ans).Cet écart peut même dépasser dix ans (Russie, 59-72 ans). Un des faits marquants de l'évolution de la mortalité depuis deux siècles réside dans l'écart longtemps croissant de la survie entre les deux sexes, ce phénomène touchant tous les pays industrialisés. De l'ordre de deux ans vers 1900, la différence de la vie moyenne masculine et féminine a atteint aux États-Unis plus de sept ans en 1970. À partir de cette date, le différentiel diminue pour atteindre cinq ans en 2005. Les démographes américains supposent que l'écart maximal a été dû à l'incidence des maladies cardiaques (pour 40 %), à la consommation de tabac (pour 25 %), aux conduites à risques (automobile, usage des drogues et autres pathologies sociales). Depuis les années 1970, le rapprochement des comportements des hommes et des femmes (augmentation du tabagisme chez les femmes en particulier) expliquerait la réduction des écarts.

Manifestation de personnes obèses (États-Unis).
De nouveaux modes de vie risquent d'entraîner de nouvelles maladies appelées « d'abondance ».

Une surmortalité masculine élevée

D'autres pays industrialisés ont connu plus tard cette évolution : c'est le cas de la France dont le différentiel de mortalité reste encore élevé en 2005 (sept ans), mais le phénomène est encore plus frappant en Russie et dans les républiques baltes (depuis plusieurs décennies, la dégradation de la santé des hommes, liée au choc du démantèlement du système soviétique, à l'évolution du système de sécurité sociale et du système sanitaire, explique cette évolution dramatique). Malgré les progrès qu'on a enregistrés chez les hommes et les femmes, ce dont témoigne l'augmentation de l'espérance de vie, les deux sexes n'ont pas « incorporé » de la même manière ces progrès : les femmes sont nettement bénéficiaires tandis que les hommes ont connu, chez les jeunes adultes en particulier, des augmentations sensibles de mortalité.

Biologie et comportements

Pour comprendre cette évolution préoccupante, il importe de noter les deux grands types de facteurs qui jouent un rôle dans cette différenciation : le facteur biologique et le facteur comportemental. Le facteur biologique n'est certainement pas niable puisque la surmortalité masculine apparaît dès la naissance et même durant la vie intra-utérine : dans les pays développés, au cours de la première semaine de vie, les nouveau-nés de sexe masculin connaissent une surmortalité de 25 % par rapport à ceux du sexe féminin. Il existe donc une fragilité du sexe masculin que l'on attribue généralement à des facteurs génétiques, hormonaux et même anatomiques. Ce sont ces différences biologiques qui permettraient le mieux de rendre compte de la surmortalité masculine aux jeunes âges et aux âges élevés.

Par ailleurs, les facteurs comportementaux jouent un rôle fondamental pour expliquer la formidable croissance de la surmortalité à l'adolescence et au début de l'âge adulte ainsi que le second pic de mortalité après 50 ans. Le mode de vie, l'adoption de comportements « à risques » – conduite de véhicules à moteur, y compris les deux roues, relations sexuelles sans protection, pratiques sportives à hauts risques –, la moindre attention aux problèmes de santé, tous ces facteurs contribuent à creuser l'écart entre hommes et femmes.

Les causes de mortalité les plus discriminantes entre les deux sexes sont, en effet, d'une part les morts violentes (accidents, suicides), d'autre part les maladies liées à la consommation de tabac et d'alcool, et, dernièrement, le sida. À tous les âges, les hommes consomment plus de tabac et d'alcool que les femmes, l'évolution récente allant toutefois dans le sens contraire.

Femmes menacées

Dans les pays industrialisés, à mesure que l'espérance de vie croît, l'écart hommes/femmes s'aggrave au détriment des premiers. Il existe néanmoins des pays qui continuent d'être frappés par une surmortalité féminine importante, ce qui correspond à une transition sanitaire juste amorcée, ou bien à des comportements sociaux discriminants à l'égard du sexe féminin (voir le chapitre 1). La surmortalité des petites filles, phénomène qu'ont connu les pays européens pendant l'industrialisation au XIXe siècle, est aujourd'hui un fait patent dans des pays comme la Chine ou le Bangladesh, là où le statut traditionnel de la femme prévaut. De même, la mortalité maternelle est un risque bien réel dans de nombreux pays du tiers-monde où les infrastructures manquent pour assurer dans de bonnes conditions sanitaires les accouchements difficiles et pour soigner les infections puerpérales. Certaines maladies infectieuses comme la tuberculose frappent particulièrement les femmes adultes et âgées de certains pays pauvres.

Le cas du Bangladesh

Un pays comme le Bangladesh cumule beaucoup de problèmes de santé : le taux de mortalité maternelle (il s'agit des décès survenus chez les mères dans les quarante-deux jours qui suivent l'accouchement pour 100000 naissances vivantes) atteint le niveau de 600 pour 100000 (au début des années 1990). Par comparaison, le niveau moyen observé dans les pays industrialisés était, au même moment, de 10 pour 100000. Par ailleurs, d'après les données d'une enquête en milieu rural au Bangladesh, on a pu montrer qu'en 1986-1987 le taux de mortalité entre 1 et 5 ans était respectivement de 18,7‰ chez les fillettes et de 10,5‰ chez les garçons. Du fait d'une surmortalité féminine qui couvre presque tous les âges de la vie (sauf avant un an et aux âges les plus élevés), le Bangladesh connaît une espérance de vie des femmes à peine supérieure à celle des hommes (61-62 ans en 2005). De même pour les Népalaises (62-63 ans), les Afghanes (41-42 ans) ou beaucoup d'Africaines.

Jusqu'à quel âge l'homme peut-il vivre ?

Les savants s'interrogent depuis longtemps sur la longévité humaine. On sait que les progrès en matière d'éducation y contribuent largement. En revanche, ceux qu'apportera dans l'avenir la recherche médicale font l'objet de nombreuses spéculations.

Utilisant les probabilités de décès aux grands âges, des démographes se sont mis à calculer, au milieu du XXe siècle, quelle était la limite de la vie humaine. Le Français Paul Vincent aboutit pour sa part au chiffre de 107 ans (1951). De son côté, Jean Bourgeois-Pichat mettait au point une table de mortalité biologique limite, aboutissant, selon ses calculs, à une espérance de 76,3 ans pour les hommes et de 78,2 ans pour les femmes (1952).

Les deux approches, compatibles, étaient menées à une époque où, grâce aux traitements antibiotiques, les progrès étaient rapides. Mais on pressentait déjà qu'une limite serait atteinte le jour où la plupart des maladies infectieuses seraient éliminées. Corroborant ces intuitions, l'espérance de vie se mit à stagner dans les années 1960.

En 1971, l'Américain Abdel R. Omran énonce alors sa théorie de la transition épidémiologique en distinguant trois âges par lesquels passeraient toutes les sociétés humaines :
– âge de la pestilence et de la famine ;
– âge du recul des pandémies (l'espérance de vie augmente alors assez rapidement) ;

Des paquets de cigarettes qui affichent les dangers du tabac. Au niveau mondial, le tabac tue 4 millions de personnes chaque année. Selon l'OMS, ce chiffre pourrait être de 10 millions en 2030.

– âge des maladies de dégénérescence et des maladies de société (l'espérance de vie stagne).
On croit en la fin de la transition : stabilisation de la fécondité et de la mortalité à un niveau bas. Or cette théorie est battue en brèche dans les années 1980, puisque l'espérance de vie a recommencé à augmenter, dépassant la frontière biologique tracée par Bourgeois-Pichat.
On est bien passé à l'âge des maladies de dégénérescence et des maladies de société, mais cet âge n'est pas stable, car on observe une combinaison entre la montée de certaines maladies (alcoolisme, tabac...) et le recul de certaines maladies de dégénérescence (maladies cardiaques, cancers).
Deux évolutions se dessinent en effet : d'abord, la maîtrise des facteurs extérieurs qui causent des maladies de société ou favorisent des maladies de dégénérescence (accidents, maladies cardio-vasculaires, tabac...) ; ensuite, le contrôle d'une éventuelle « horloge biologique », commandant le vieillissement endogène de l'organisme.
Certains scientifiques estiment que le champ des progrès possibles est assez restreint et que l'on ne pourra jamais dépasser 85 ans d'espérance de vie à la naissance.
Cette thèse contredit l'autre thèse selon laquelle une nouvelle étape de la transition sanitaire pourrait s'ouvrir avec la lutte contre le processus intrinsèque de dégradation de l'organisme. Cette nouvelle phase n'est-elle pas déjà en route ?

Le temps des « super-vieillards »

En octobre 2003, six ans après la Française Jeanne Calment âgée de 122 ans, mourait la Japonaise Kamato Hongo, née en 1887. L'étude de la mortalité aux très grands âges révèle des surprises : depuis deux décennies, la mortalité au-delà de 75 ans baisse significativement, y compris chez les personnes de plus de 110 ans ; seconde découverte étonnante, la probabilité de décès au-delà de 100 ans pourrait assez vite plafonner à 0,4 ou 0,5 au lieu de tendre vers 1. Ces deux évolutions tendraient à prouver que l'on va peut-être entrer dans une nouvelle ère.
Mais dans quel état de santé vivront ces « super-vieillards » ?

La doyenne de l'humanité, Kamato Hongo, est décédée à l'âge vénérable de 116 ans. La particulière longévité des Japonais est, entre autres, attribuée à leur régime alimentaire à base de riz et de poisson.

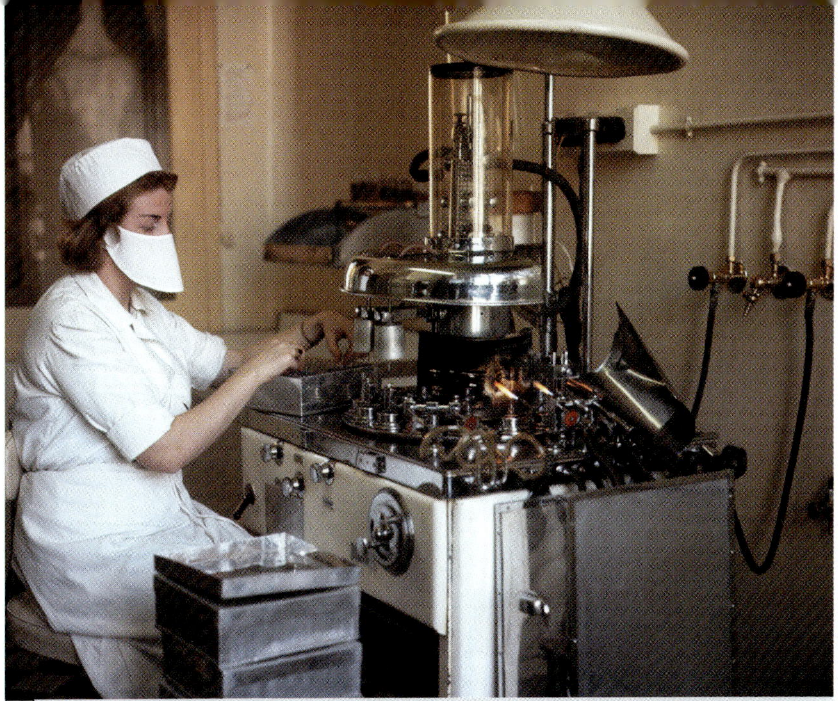

Laboratoire de l'Institut Pasteur (France, 1960). Cette fondation, dont la principale mission est de prévenir et de traiter des maladies infectieuses, a découvert en 1983, en liaison avec des chercheurs américains, le virus du sida.

Trois scénarios pour le XXIe siècle

« Ajouter des années à la vie et de la vie aux années » : est-ce là un des défis du XXIe siècle ? La question cruciale est en effet de savoir si la vie vaudra la peine d'être vécue à un âge si élevé.

Sur ce point, les théories sont très divergentes. Certains scientifiques estiment que l'accroissement de la longévité ira de pair avec une expansion des maladies dégénératives : on mourra beaucoup plus tard, mais on sera atteint de toutes sortes d'incapacités et de maladies. Théorie évidemment très pessimiste.

Une autre théorie promet un avenir beaucoup plus radieux : au fur et à mesure que la mortalité régressera, les maladies de dégénérescence seront mieux contrôlées, si bien que l'espérance de vie en bonne santé augmentera plus vite que l'espérance de vie totale. Enfin, une troisième théorie avance l'idée que les deux composantes, mortalité et morbidité, évolueront de pair, si bien que l'évolution ne sera ni négative ni positive : on vivra plus longtemps mais avec la même proportion de maladies invalidantes que de nos jours. Les observations permettant de conclure en faveur d'une théorie ou d'une autre sont encore trop rares et souvent contradictoires. Cependant, quelques résultats semblent indiquer que la théorie optimiste pourrait se vérifier à l'avenir, surtout si l'on retient comme indicateur les incapacités sévères.

Parmi toutes les sciences humaines, la démographie est sans doute celle qui tend le plus à l'exactitude. La fécondité a toujours constitué un de ses principaux objets d'étude. Celle-ci est influencée par de nombreux facteurs : culturels, religieux, économiques et sociaux. Là encore, la situation est très contrastée d'une région du monde à l'autre, voire d'un pays à l'autre. Si les spécialistes de ces questions s'opposent parfois durement, tous s'accordent pour reconnaître l'importance de l'éducation pour que les couples maîtrisent mieux leur fécondité.

Bébés dans une maternité de Shanghai (Chine).

Naître ou ne pas naître

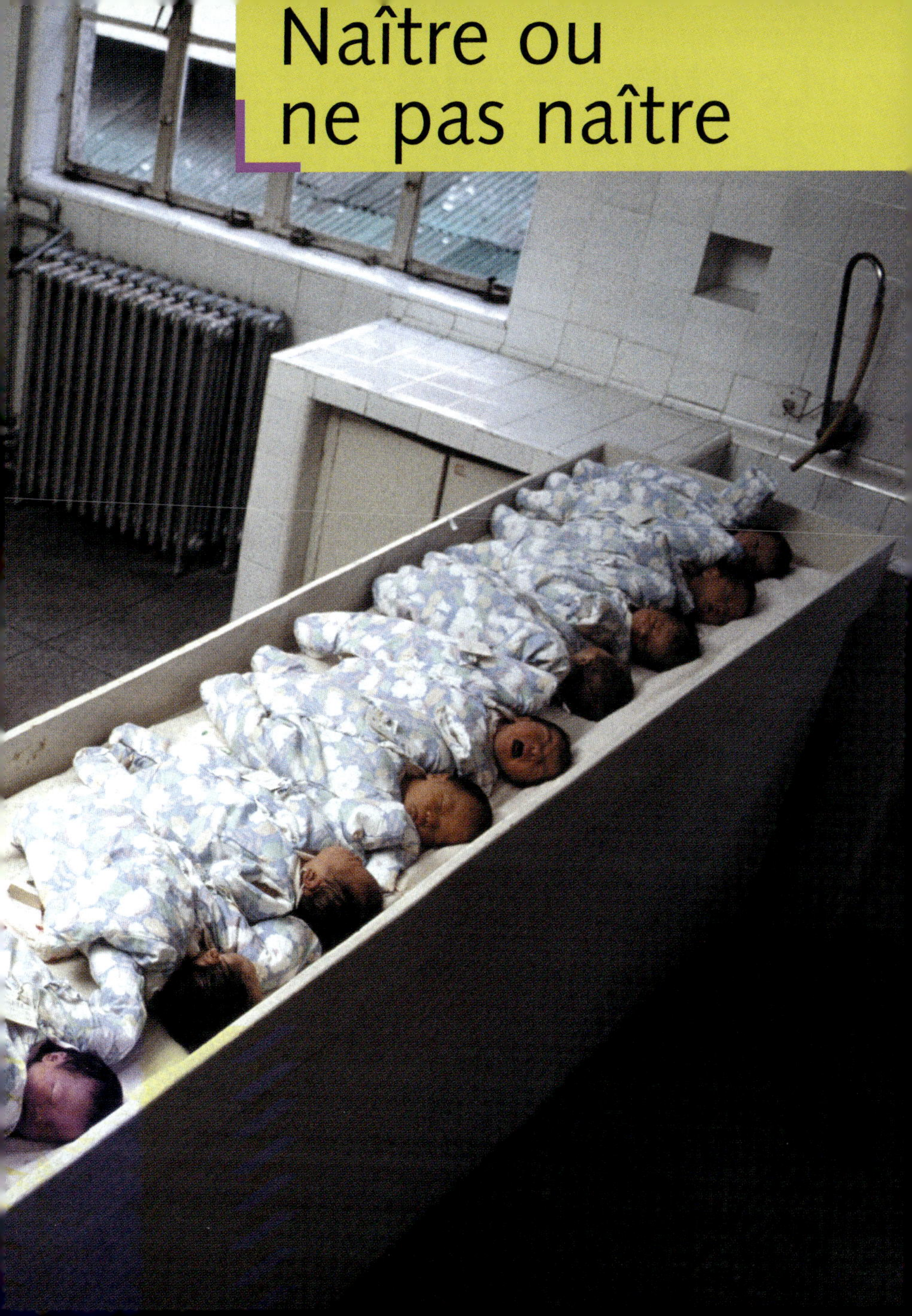

Les trois modèles d'évolution de la fécondité

Nos connaissances sur la fécondité dans le monde ont considérablement progressé à partir du moment où des enquêtes spécifiques, palliant l'absence d'état civil, ont pu éclairer la situation dans les pays en développement.

Plusieurs générations d'enquêtes successives ont permis de faire la lumière sur le niveau et sur les tendances de la fécondité dans le monde.
La première génération, à l'instigation de deux organismes internationaux de statistiques et de démographie, s'est déroulée à partir de 1974 et portait explicitement sur la fécondité (Enquête mondiale sur la fécondité, dite EMF). L'enquête a couvert 61 pays et a permis de grandes avancées méthodologiques.
Une deuxième génération d'enquêtes s'est déroulée à partir de 1984, à l'initiative d'organismes américains, l'accent étant mis à la fois sur la fécondité et sur la santé, notamment des enfants (Enquête démographie et santé, dite EDS ou DHS, *Demographic and Health Survey*, en anglais). 142 enquêtes ont été menées ou sont en cours, ce qui représente une mine de données aisément accessibles grâce à un site web (http://www.measuredhs.com).
Ces enquêtes ont effectivement éclairé les niveaux très différenciés de la fécondité dans le monde, de plus de 8 enfants par femme à moins de 2, et le rythme de l'évolution à la baisse, parfois très rapide, à partir des années 1980.

Le panorama de la fécondité dans le monde est très fortement contrasté : plusieurs pays d'Europe connaissent des niveaux de fécondité particulièrement faibles (moins de 2 enfants par femme), d'autres continuent de se situer au-dessus du seuil de renouvellement des générations, d'autres enfin se situent bien au-dessus de ce seuil. Dans ce dernier groupe, certains pays ont à peine entamé la deuxième phase de leur transition démographique.
On peut distinguer au moins trois modèles d'évolution de la fécondité dans le monde depuis deux siècles.

Un modèle d'évolution lente

Le premier modèle correspond à une évolution lente, liée au processus même de développement socio-économique et aux changements culturels. Il caractérise ce qui s'est passé en Europe depuis le XIXe siècle et, parfois, dès le XVIIIe siècle (France). À partir du moment où la mortalité a atteint un certain seuil, la fécondité a commencé à baisser, mais le processus s'est étalé sur plusieurs décennies. Ce qui signifiait que l'environnement sanitaire était meilleur, le pouvoir d'achat des ménages avait augmenté, le niveau d'instruction, avec l'obligation scolaire en primaire, s'était élevé, les premiers éléments d'une protection sociale se mettaient en place (sécurité sociale sous Bismarck, par exemple). Tous ces facteurs favorisaient des projets de descendance en baisse : c'est exactement ce qu'on observe en Europe à la fin du XIXe siècle, même si certains pays comme la France avaient devancé le mouvement.

Famille nombreuse italienne en 1938. Mussolini voulut mettre sur pied une politique nataliste. Cependant, avec 1,3 enfant par femme, le niveau actuel de fécondité de l'Italie est l'un des plus bas au monde.

Après la Seconde Guerre mondiale, le baby-boom constitue un renversement de tendance momentané, puisque la baisse de la fécondité reprend après les années 1970.

Un modèle volontariste

Le second modèle correspond à une évolution plus rapide, due à des interventions publiques. Ce modèle est beaucoup plus récent, lié à des politiques de limitation des naissances dans les pays en développement.
En Chine, la politique de limitation des naissances, mise en place à la fin des années 1970, s'est progressivement renforcée jusqu'à l'adoption du mot d'ordre « un couple, un enfant » en 1980. Depuis septembre 2002, cette politique est devenue une loi. Des directives nationales ont été relayées par des mesures provinciales extrêmement précises, pénalisant les couples procréant hors des normes et favorisant les couples à enfant unique. Depuis, diverses dispositions ont tenu compte des résistances et des demandes d'enfants supplémentaires liées à des nécessités économiques et religieuses. On autorise en milieu rural la naissance d'un deuxième enfant si le premier est une fille ou s'il est handicapé. Les minorités ethniques ont le droit de donner la vie à plus d'un enfant. La moyenne actuelle est d'environ 2 enfants par femme, ce qui dénote une proportion non négligeable de familles de deux enfants et plus (si l'on tient compte des couples stériles, des personnes non mariées…). La population de la Chine est aujourd'hui de plus de 1,3 milliard et le gouvernement espère par cette politique qu'elle ne dépassera pas 1,6 milliard en 2050. D'autres pays appliquent des programmes assez

stricts de limitation des naissances, par exemple le Viêt Nam, les deux Corées. En Thaïlande, l'encouragement à la planification des naissances a produit des effets sensibles puisque la moyenne est passée de plus de 7 enfants par femme au début des années 1960 à 2,4 en 1993 et à 1,8 en 2001. Les deux tiers des femmes recourent à la contraception, et pour la plupart à des méthodes modernes.

> **Les deux indicateurs de la fécondité**
>
> Tous les deux s'expriment en nombre d'enfants par femme. Le premier indicateur, appelé descendance finale, exprime le nombre d'enfants mis au monde par une génération réelle de femmes : il faut attendre que la génération atteigne 50 ans pour calculer exactement sa descendance. Moyennant quelques hypothèses, on peut cependant estimer cette descendance lorsque la génération atteint 35 ans.
> Le second indicateur, pour une année donnée, appelé indicateur conjoncturel, exprime le nombre d'enfants que procréerait une génération fictive de femmes si cette génération connaissait jusqu'à 50 ans les taux de fécondité de l'année d'observation. Dès que l'on dispose des taux de fécondité d'une année donnée, on peut calculer cet indicateur. Il est donc très commode et beaucoup utilisé. Mais son interprétation peut se révéler délicate si les femmes modifient le rythme de la procréation au cours de leur vie. L'indicateur de 1,3 enfant en 2005 en Italie signifie en partie que les femmes retardent les naissances dans leur vie de couple. La génération née en 1965 aura vraisemblablement plus de 1,3 enfant, autour de 1,6 enfant en moyenne.

En Colombie, des programmes assurés par l'association *Profamilia* ont joué un rôle fondamental dans la baisse rapide de la fécondité : 6 enfants par femme en 1968, 4,4 en 1974-1976, 2,6 enfants seulement en 2005. À Bogotá, la moyenne est passée de 4,5 à 2,4 entre 1968 et 1990. Les moyens utilisés sont la stérilisation (33 % des femmes en âge de procréer), la pilule (21 %), le stérilet (18 %).
Ce qui frappe souvent dans les pays ayant des politiques précises de planning familial, c'est la rapidité de la baisse de la fécondité une fois que le processus est amorcé : en Colombie, la fécondité a baissé de moitié en une vingtaine d'années ; en Chine, la même baisse est survenue en dix ans seulement (de 1970 à 1979).
Malgré des tentatives de contrôle de la part du gouvernement, on trouve cependant des cas inverses de pays dont la fécondité évolue lentement : en Inde, par exemple, l'évolution n'a jamais été rapide, même si certaines mesures ont parfois pris un caractère brutal, notamment au moment des campagnes de stérilisation forcée à la fin des années 1970, ce qui obligea le Premier ministre Indira Gandhi à démissionner. Entre 1956 et 1984, la fécondité a baissé de 5,2 à 4,5 enfants par femme. En 1984, cette moyenne recouvrait des situations en réalité très disparates entre des États à fécondité déjà basse (exemple du Kerala avec une moyenne de 2,4 enfants par femme) et des États à fécondité encore très élevée (exemple des quatre grands États du nord de l'Inde – le Bihar, le Madhya Pradesh, le Rajasthan et l'Uttar Pradesh –, avec une moyenne de 5,1 à 5,9 enfants par femme). Entre ces quatre États du Nord et le reste de l'Inde, le retard est de 20 à 25 ans. Cela veut dire que les populations réagissent très différemment aux incitations à limiter les naissances plus ou moins coercitives, lorsque celles-ci ne sont pas reliées à un programme de développement significatif.

Un modèle de crise

Le troisième modèle correspond à une situation de crise. Il touche aussi bien par exemple des pays en développement, atteints de plein fouet par la crise économique des années 1980-1990, que des pays issus du démantèlement de l'URSS et de sa zone d'influence. À quoi on peut ajouter des pays du sud de l'Europe ou le Japon en pleine crise culturelle.

Qu'est-ce qu'une crise démographique ?

L'évolution démographique n'est pas uniforme selon les pays. Elle rencontre souvent des situations de crise de différentes natures : économique, sociale, voire morale. Ainsi, la chute du système soviétique a eu, d'un point de vue démographique, de profondes conséquences en ex-URSS ou dans l'ex-RDA.

Depuis toujours, les situations de crise économique ont provoqué une baisse du nombre des naissances. Le phénomène est connu pour toutes les civilisations agraires dépendantes des récoltes de grain (qu'il s'agisse du blé ou du riz). Mais la récupération était rapide et le retour à la normale se faisait en moins de dix ans, en attendant la nouvelle disette ! La situation actuelle est radicalement différente : la crise est plus diffuse, elle dépasse les frontières nationales, elle touche les milieux les plus pauvres des pays en développement, ceux qui vivent dans les banlieues déshéritées, les favelas du Brésil, ou les bidonvilles du Mexique ou du Maroc. À côté d'un malthusianisme de la pauvreté, il existe aussi un malthusianisme des pays qui sont touchés brutalement par la désintégration de leur système sociopolitique. L'effondrement de celui-ci, comme celui qu'ont connu les pays de l'Europe de l'Est et de l'ex-URSS, constitue le terreau d'une crise de la fécondité significative. Dans les pays d'Europe de l'Est, notamment en Allemagne et en Russie, l'évolution des dernières années est spectaculaire. Depuis la chute du mur de Berlin, on a assisté à un véritable effondrement de la fécondité dans les Länder d'Allemagne de l'Est : entre 1990 et 1992, le nombre de naissances a diminué de moitié ; le taux de natalité s'est établi à 5,4‰ en 1992 et l'indice de fécondité à 0,83 enfant par femme. L'analyse détaillée des données permet de dater précisément la chute : les couples ont évité de concevoir à partir du printemps 1990. Certes, l'émigration des jeunes couples vers l'Ouest est responsable en partie de cette chute, mais elle n'explique pas l'ampleur du changement. La diminution résulte d'une modification massive du comportement : attendre des jours meilleurs pour procréer ou bien renoncer à avoir un enfant. La Russie a également connu des ruptures de cet ordre :

Le « malthusianisme des pauvres »

Des chercheurs ont pu montrer qu'il existe aujourd'hui dans le monde un « malthusianisme des pauvres » (par allusion à Malthus qui préconisa une stricte limitation des naissances), qui s'explique, au Mexique par exemple, par l'absence complète de perspectives pour des populations venues des campagnes, sans emploi, vivant dans des conditions précaires autour des grands centres de population et frappées depuis les années 1970 par la crise économique mondiale. Mais, fait plus intrigant, le même phénomène se produit pour des populations rurales, au Maroc par exemple, en relation avec les images d'enrichissement et de progrès véhiculées par les émigrés d'origine rurale, ce qui renforce chez les sédentaires le sentiment de frustration.

en 1992, le nombre des naissances était de 36 % inférieur à ce qu'il était en 1987. Le taux de natalité était de 10,8 ‰ et l'indice conjoncturel de fécondité de 1,56. Mais il s'agit en partie de la réponse à l'évolution antérieure : les femmes russes ont répondu favorablement à l'incitation des années 1980 et réagi négativement à la crise des années 1990.
On observe des évolutions similaires en Bulgarie et en Roumanie ; partout en Europe de l'Est, la fécondité a diminué à partir de 1989. Les familles ont répondu là encore à la « transition économique » par une réduction drastique des naissances.

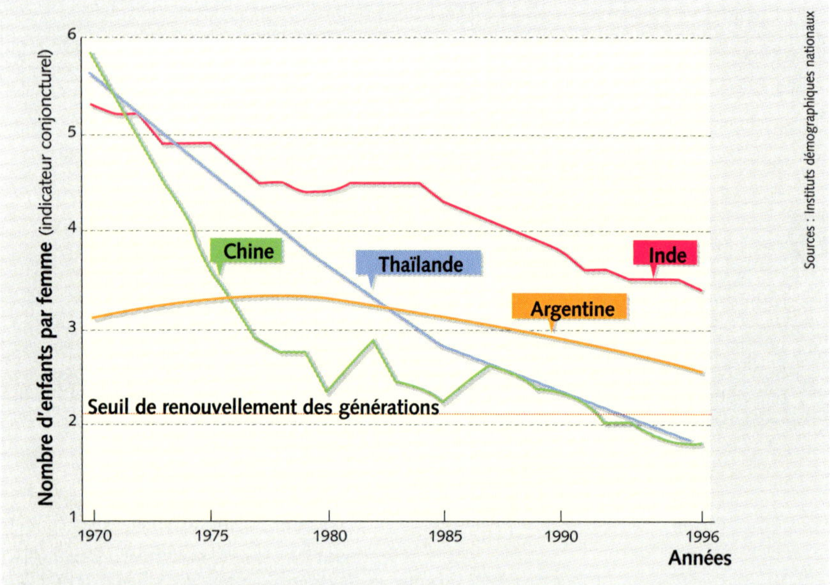

La baisse de la fécondité dans certains pays (de 1970 à 1996). La fécondité ne suit pas un modèle d'évolution uniforme. La Chine et la Thaïlande se distinguent par une rapide diminution du nombre moyen d'enfants par femme. L'Inde connaît une diminution plus lente, de même que l'Argentine. Chine et Thaïlande se trouvaient en 1995 au-dessous du seuil de renouvellement des générations : ce n'est le cas ni de l'Argentine ni de l'Inde.

Le cas de l'Europe du Sud et du Japon

À côté des pays pauvres et de l'ancien bloc soviétique, un troisième groupe de pays, caractérisé par une fécondité basse, se situe en Europe du Sud et au Japon. Dans le sud de l'Europe, la fécondité a continué à décroître et, fait curieux, c'est dans cette région que la fécondité a atteint le niveau le plus bas du monde : Portugal, Espagne, Italie, Grèce, pays de tradition catholique ou orthodoxe, connaissent des indices conjoncturels de fécondité de l'ordre de 1,3 à 1,4. C'est un niveau que connaît également le Japon. Le point commun de ces pays pourrait résider dans le fait qu'ils connaissent une distorsion majeure entre l'aspiration des jeunes et des couples (égalité entre les sexes, accès des femmes à

l'emploi...) et le maintien dans la population de valeurs tout à fait différentes : procréation dans le mariage quasi exclusivement, séparation des rôles entre les sexes, importance de l'éducation « maternelle »... La mère « idéale » japonaise ne se doit-elle pas de laver elle-même les couches de son bébé, en renonçant aux couches jetables ? Un couple italien ne se fait-il pas un devoir de ne jamais se séparer de son bébé le soir, sauf si la mère de l'époux ou de l'épouse le garde ? Le recours aux baby-sitters paraît impensable.
Ces exemples montrent que les périodes de crise et d'incertitudes, qu'elles soient d'origine économique ou culturelle, entraînent souvent une chute des naissances. Le cas des guerres est bien connu. Mais on s'aperçoit en outre que de faibles fécondités peuvent être également des réponses, non pas à une amélioration sensible du bien-être, mais au contraire à un état de pauvreté et de crise endémique

Reproduction et renouvellement

Combien d'enfants une génération de femmes doit-elle procréer pour laisser derrière elle au moins autant de filles ?
Prenons 1 000 femmes : elles doivent par hypothèse mettre au monde d'abord 1 000 filles. Or on sait que, pour une naissance de fille, on compte 1,05 naissance de garçons. Ajoutons 1 050 garçons : on obtient un total de 2 050 enfants. S'il n'y avait aucun décès de filles avant l'âge moyen à la maternité (autour de 30 ans), il suffirait donc que 1 000 femmes procréent 2 050 enfants pour que la population se renouvelle à l'identique. Mais quelques filles meurent avant cet âge moyen : il faut donc en ajouter quelques-unes, environ 50, pour compenser cette perte. On obtient finalement un nombre arrondi de 2 100 enfants, nombre qui assure la reproduction exacte de la génération des mères dans les conditions actuelles de la mortalité en Europe : c'est ce chiffre (2,1) qui sert de référence pour apprécier le niveau actuel de la fécondité en Europe.
Très peu de pays atteignent ce seuil sur ce continent, mais le retard des naissances dans la vie des femmes a de fortes répercussions sur l'indice conjoncturel et, en toute rigueur, on ne devrait comparer cette valeur de référence qu'à la descendance finale. Dans ce cas, la dernière génération observée, celle de 1965, se trouve en France très près du seuil de renouvellement.

Écolières en uniforme à Tokyo. En 2005, le Japon se caractérise par une fécondité basse, de l'ordre de 1,3 enfant par femme.

Panorama de la fécondité dans le monde

Au maximum 2 enfants par femme, entre 2 et 4, plus de 4 : à ces trois types de fécondité correspondent trois types de pays dans le monde.

La carte de la fécondité dans le monde en 2005 donne une bonne idée de la situation très contrastée qui règne encore.

Une vaste région rassemblant des pays de l'hémisphère Nord (Amérique du Nord, Europe occidentale et orientale, Russie, Chine, Corée du Sud, Japon) et de l'hémisphère Sud (Australie et Nouvelle-Zélande) connaît une fécondité inférieure ou égale à 2,1 enfants par femme. Il s'agit de pays industrialisés et riches qui ont commencé pour la plupart leur transition démographique il y a plus d'un siècle, à l'exception de la Chine qui reste un pays encore pauvre et dont la transition est récente. Cette vaste région n'assure plus, sauf exception, le renouvellement naturel de sa population, si l'on s'en tient à l'indicateur conjoncturel, mais les migrations peuvent, bien entendu, compenser cette tendance, ce qui se passe notamment dans le cas des États-Unis.

Une fécondité disparate

Un deuxième groupe comprend les pays dont le niveau de fécondité se situe entre 2,1 et 4 enfants par femme : ce sont des pays dont la fécondité a déjà beaucoup baissé, mais dont le niveau assure le renouvellement de la population. Font partie de cet ensemble le Mexique et la plupart des pays d'Amérique centrale et d'Amérique latine. On trouve par ailleurs les pays du Maghreb et l'Afrique du Sud, plusieurs pays du Moyen-Orient, les républiques au sud de la Russie, le sous-continent indien et les pays du Sud-Est asiatique. Il s'agit de pays engagés nettement dans le processus de développement, mais

Fécondité au Mexique et en Amérique centrale

	Indicateur conjoncturel (nombre d'enfants par femme)	
	1950-1955	2005
Costa Rica	6,7	2,0
Guatemala	7,1	4,4
Honduras	7,5	4,1
Mexique	6,9	2,6
Nicaragua	7,3	3,8
Panamá	5,7	2,7
Salvador	6,5	3,0

Fréquence du recours à la contraception

	En % 1996-2000	
	Toutes méthodes	Méthodes modernes
Costa Rica	80	72
Guatemala	38	31
Honduras	50	41
Mexique	68	59
Nicaragua	60	57
Panamá	n.d.	n.d.
Salvador	60	54

Femmes fêtant l'arrivée d'un nouveau-né. Le fort niveau de fécondité du Mali (7,1 enfants par femme en 2005) s'explique, entre autres, par l'absence de contraception et par une lente évolution des mentalités.

qui restent encore pauvres (Bangladesh, Inde). La pratique contraceptive peut y être élevée (au Costa Rica et au Mexique, par exemple). Reste un vaste ensemble surtout africain dont la fécondité dépasse 4 enfants par femme. S'ajoutent quelques pays du Proche- et du Moyen-Orient (Arabie saoudite, Iraq, Jordanie, Syrie, Afghanistan) et le Pakistan... Dans de nombreux pays d'Afrique subsaharienne, les femmes ont en moyenne plus de 6 enfants chacune (Niger).

À l'exception des pays de la péninsule arabique, il s'agit des pays les plus pauvres de la planète, avec un produit national brut souvent inférieur à 1 000 dollars par habitant.

Ces pays sont tous entrés tardivement dans la transition démographique. Remarquons que la fécondité n'est pas uniformément élevée en Afrique : c'est surtout le cas de l'Afrique tropicale ; au nord, la fécondité a baissé sensiblement, comme par exemple en Tunisie (2,1 enfants par femme en 2003), en Algérie (2,8) ou au Maroc (2,7). Région à la fois faiblement développée et largement engagée dans la transition démographique, l'Afrique tropicale se caractérise par des densités très diverses, par un passé marqué par de graves hémorragies démographiques, liées à la traite des esclaves, et par une valorisation des descendances nombreuses. En outre, l'Afrique a connu des situations de sous-fécondité dues à l'existence de maladies stérilisantes (paludisme, goitre, maladies vénériennes) : certaines régions d'Afrique centrale, qui étaient fortement touchées par la stérilité, ont vu récemment leur fécondité croître rapidement avec l'application de programmes prophylactiques.

Carte *(pages suivantes)*

Hormis quelques pays en voie de développement – essentiellement localisés en Afrique subsaharienne – qui conservent un fort taux de fécondité, la tendance générale dans le monde est à la baisse.

Le nombre d'enfants par femme en 2005

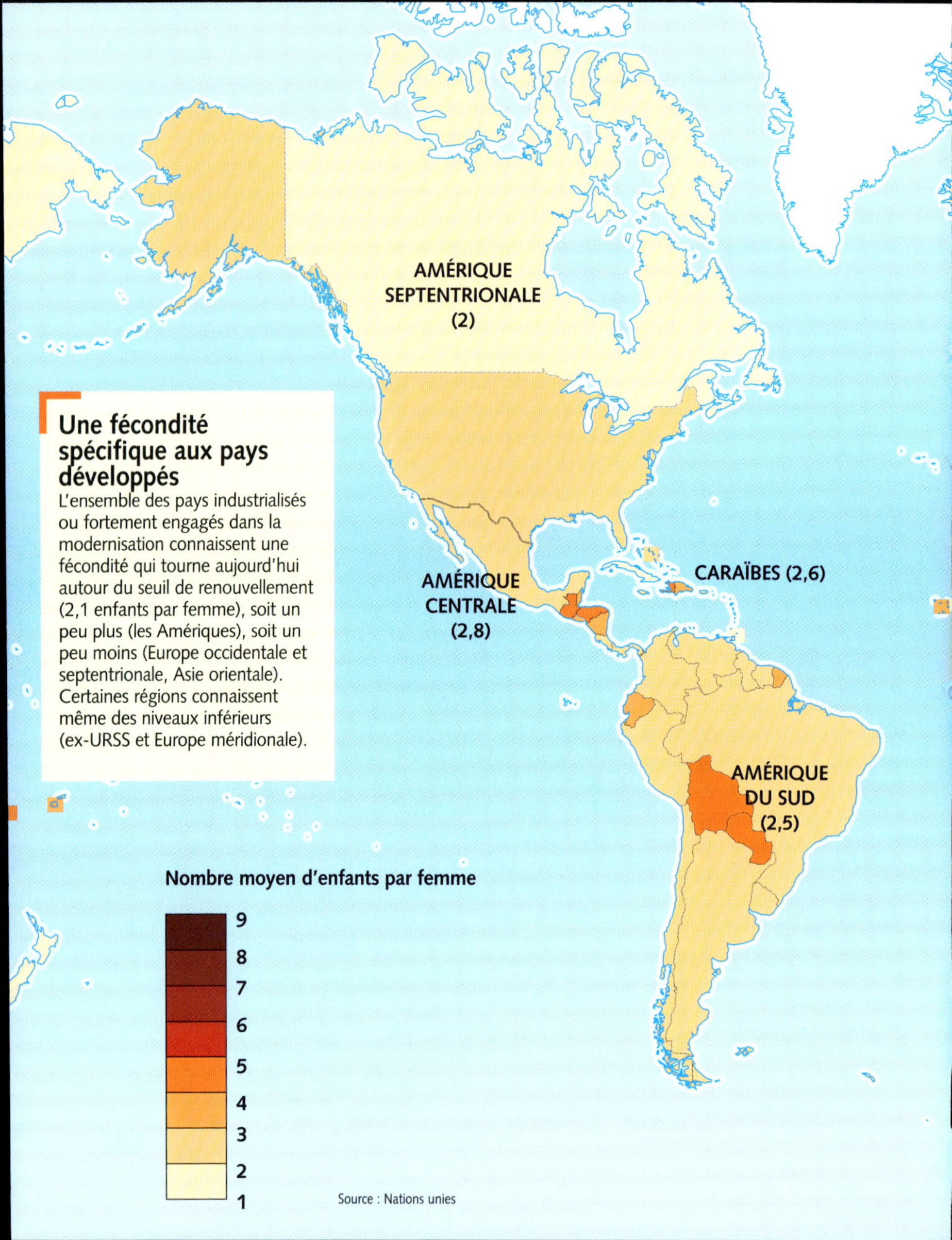

Une fécondité spécifique aux pays développés

L'ensemble des pays industrialisés ou fortement engagés dans la modernisation connaissent une fécondité qui tourne aujourd'hui autour du seuil de renouvellement (2,1 enfants par femme), soit un peu plus (les Amériques), soit un peu moins (Europe occidentale et septentrionale, Asie orientale). Certaines régions connaissent même des niveaux inférieurs (ex-URSS et Europe méridionale).

Source : Nations unies

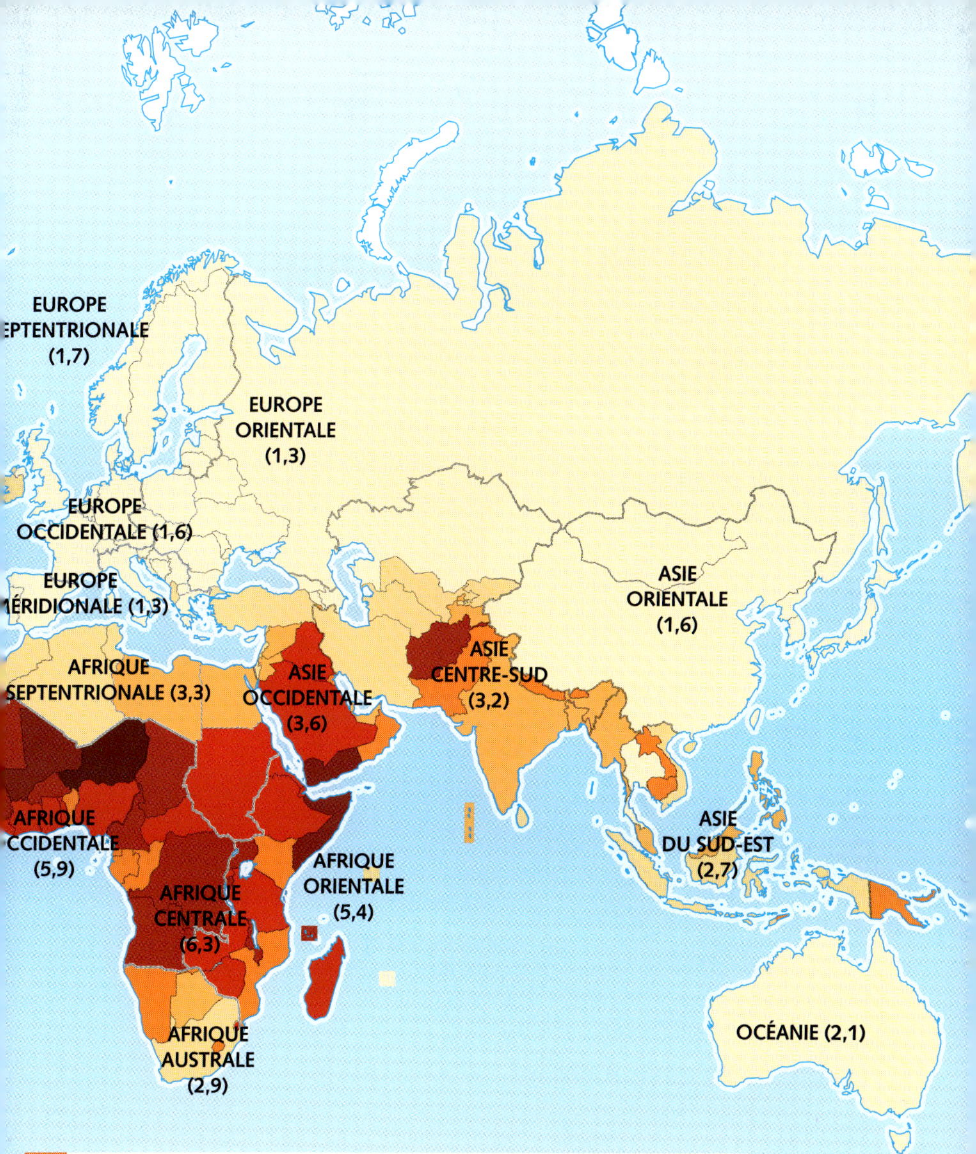

De forts contrastes à l'intérieur d'une même région

Une zone de fécondité intermédiaire apparaît, couvrant les deux extrémités du continent africain, le Moyen-Orient et la péninsule indienne. À noter qu'au sein d'une même région (Asie Centre-Sud) les contrastes peuvent être très grands (Afghanistan, 6,8 enfants par femme, Kazakhstan, 2,0). Enfin, la fécondité atteint son maximum en Afrique subsaharienne.

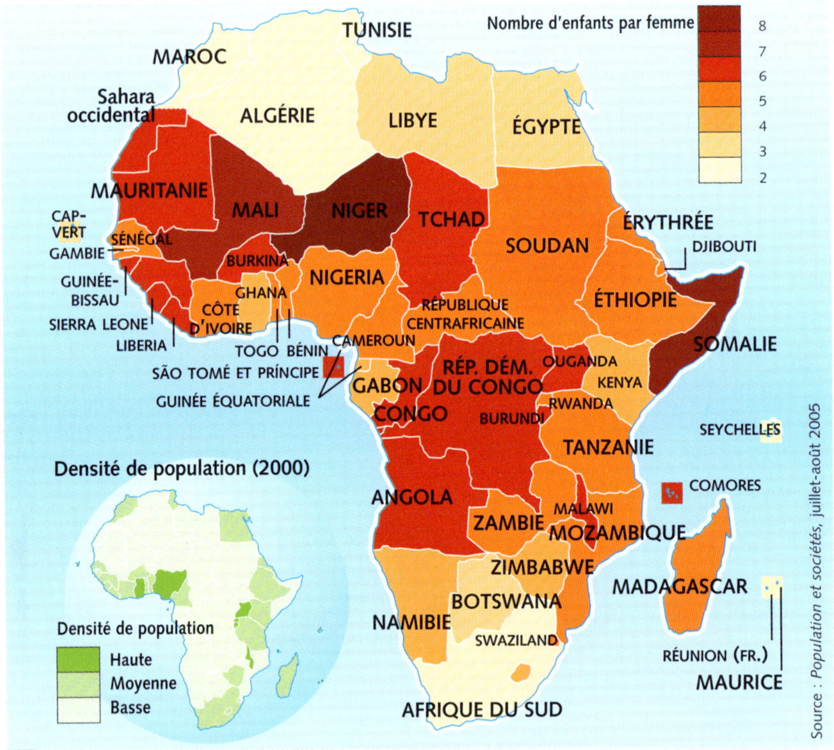

La fécondité en Afrique (2005). C'est en Afrique que l'on trouve les plus fortes fécondités du monde (8 enfants par femme au Niger, 7,1 au Mali, 7,0 en Somalie). Différents facteurs peuvent expliquer cette situation : d'abord, une densité moyenne faible ainsi que le laisse apparaître la petite carte des densités en bas à gauche. Cette faiblesse de la densité est due en partie au commerce des esclaves et explique pourquoi, jusqu'à une date récente, les gouvernements africains étaient très réticents à l'idée d'une limitation des naissances. Ensuite, la forte mortalité infantile qui continue de sévir n'incite pas les ménages à réduire la taille de leur famille – en Afrique en général, près d'un enfant sur dix risque de mourir avant l'âge de un an (89 pour mille en 2005). Enfin, les mentalités traditionnelles n'incitent guère les hommes et les femmes à réduire leur descendance.

Fécondité et désir d'enfant

L'ensemble de ces facteurs, et d'autres encore comme la nuptialité précoce des femmes, leur meilleure santé, l'abandon des modes traditionnels d'espacement des naissances (abstinence *post-partum* et allaitement prolongé), explique cette situation inédite d'une fécondité sans doute plus élevée qu'auparavant. Les enquêtes des années 1970, 1980 et 1990 sur la fécondité et la santé ont bien montré les caractéristiques de ces modèles de fécondité élevée aboutissant aujourd'hui à 6 ou 8 enfants, en moyenne, par femme. La conscience d'une nécessaire régulation des naissances s'est développée plus tardivement qu'ailleurs dans ces régions. Cependant, de plus en plus nombreux sont les gou-

vernements qui prennent des positions favorables à l'espacement des naissances, dans une perspective de bien-être des enfants, des femmes et des familles.
Un exemple intéressant est fourni par le Kenya. Il y a quarante ans, ce pays connaissait un niveau de fécondité parmi les plus élevés du monde : plus de 8 enfants par femme. Depuis vingt ans, la fécondité a commencé à fléchir. Entre 1975-1980 et 1990-1992, le nombre moyen d'enfants par femme serait passé de 8,1 à 5,4, soit une diminution de 33 %. En 2005, l'indice conjoncturel était de 4,9 enfants par femme. Les dernières enquêtes sur la fécondité laissent apparaître de très nets phénomènes de différenciation entre la campagne et la ville, entre les personnes peu instruites et les autres : l'écart atteint plus de deux enfants par femme. Interrogées sur ce qu'elles considèrent comme le nombre idéal d'enfants, les Kenyanes donnent un nombre qui avoisine 4 enfants en moyenne. D'ailleurs, le désir d'arrêter de procréer dépasse nettement la moitié des femmes lorsque 4 enfants vivent déjà au foyer. Aujourd'hui, 39 % des femmes recourent à une méthode contraceptive (32 % à une méthode moderne), la proportion dépassant la moitié des femmes ayant un niveau d'éducation secondaire.

La fécondité au Mali : le cas des Bwa

Les Bwa du Mali sont des agriculteurs christianisés, qui connaissent de fortes migrations de jeunes adultes. Grâce à une enquête menée en continu depuis 1987 et à des entretiens biographiques, on connaît bien le régime démographique et familial de ce groupe. La mortalité infantile y est élevée (25 %), la fécondité également, sans signe de baisse : 8,5 enfants en moyenne par femme, 10 enfants par homme ; les intervalles entre les naissances sont de l'ordre de 28 à 32 mois, le sevrage a lieu vers 2 ans. Les couples n'utilisent pas la contraception ; le mariage est précoce, vers 18 ans pour les filles. Les éléments susceptibles de faire évoluer la fécondité sont les migrations masculines et, récemment, féminines, la constitution de couples plus autonomes faisant émerger des projets de couple. Mais, pour l'instant, les changements importants qui touchent à l'organisation familiale, aux rapports entre les générations, aux relations entre monde rural et villes n'ont pas encore entraîné de changements dans le domaine de la fécondité. Un cas à suivre, donc.

L'appartenance religieuse est-elle en corrélation avec le comportement de fécondité ?

On pourrait supposer que l'attachement aux valeurs religieuses conduit à un moindre contrôle volontaire de la fécondité. Les grandes religions monothéistes du monde ne sont guère favorables à la contraception, et surtout à l'avortement. Et pourtant !
Les pays de tradition catholique sont aujourd'hui parmi les moins prolifiques : Italie, Espagne, Grèce, Portugal. Lors d'un congrès sur la population, un délégué catholique exprimait l'idée que la prescription de la Genèse : *« Multipliez et emplissez la Terre »* était accomplie, donc qu'il était temps de réguler la fécondité partout dans le monde.
Certains pays musulmans sont fortement impliqués dans le contrôle des naissances. C'est le cas de l'Iran. En moins de trente ans, des années 1970 aux années 2000, l'Iran a fait passer son nombre moyen d'enfants par femme de 6,6 (1977) à 2,1 (2005). Cette évolution a été soutenue par un programme national visant à réduire la croissance démographique. La réduction a porté non seulement sur les zones urbaines (- 18 % entre 1996 et 2000), mais aussi sur les zones rurales (- 31 % entre 1996 et 2000). Cette évolution est à mettre en relation avec une multitude de facteurs : politique générale d'information sur le planning familial, programmes de protection maternelle et infantile, programmes de développement rural et de scolarisation... Autrement dit, il n'y a pas au niveau des États de corrélation stricte entre appartenance religieuse et niveau de fécondité.

La deuxième révolution contraceptive

La grande majorité des pays du monde sont donc entrés dans la deuxième révolution contraceptive, fondée sur l'utilisation des méthodes modernes.

La deuxième révolution contraceptive signifie que les couples utilisent non seulement des méthodes traditionnelles comme l'allaitement prolongé, l'abstinence *post-partum*, l'avortement ou le coït interrompu, mais aussi des méthodes modernes comme le stérilet, la stérilisation, la pilule (inventée en 1956 par le médecin américain Gregory Goodwin Pincus), le diaphragme ou encore l'avortement. Ces méthodes modernes se sont développées après la Seconde Guerre mondiale et ont connu, pour certaines, une diffusion massive.

Gregory Pincus (1903-1967), inventeur américain de la « pilule » en 1956. À la fin des années 1990, 7 % des femmes dans le monde utilisaient ce moyen de contraception.

Au début des années 2000, dans le monde, 61 % des couples pratiquaient une méthode de contraception : 21 % des femmes (ligature des trompes) et 4 % des hommes (vasectomie) étaient stérilisés, 15 % des femmes recouraient au stérilet, 7 % prenaient la pilule, 7 % des couples recouraient aux condoms ou aux injections, 6 % utilisaient des systèmes traditionnels. On voit que les méthodes dominantes sont la stérilisation féminine et le stérilet, et, assez loin derrière, les autres moyens dont la pilule et le condom. Par ailleurs, plus du tiers des femmes (39 %) ne pratiquaient aucune forme de contraception. Ce schéma général recouvre des situations très contrastées et ne tient pas compte de l'avortement.

Dans les pays en développement, les modèles de planification des naissances sont également très variés. En Chine, ce sont des méthodes dites de longue durée qui sont privilégiées (principalement l'insertion de stérilets, la ligature des trompes et la vasectomie), car elles permettent un contrôle par

Contraception et modèles nationaux

En France, le couple pilule-stérilet assure la couverture des trois quarts des femmes pratiquant la contraception. La stérilisation pour raison de fécondité est extrêmement rare ; elle n'est d'ailleurs permise que depuis la loi du 4 juillet 2001. Autorisé par la loi Veil en 1975, l'avortement permet d'éviter une grande partie des conceptions non désirées.

Ailleurs, au Canada par exemple, le modèle de régulation des naissances peut être très différent : la stérilisation s'est beaucoup développée, concernant 44 % des femmes âgées de 18 à 49 ans en 1984 (en France, 7 % en 1988). Au contraire, en 1985, dans un pays comme l'Espagne, le coït interrompu continue d'occuper une place importante dans la régulation des naissances, tandis que la stérilisation concerne seulement 4 % des femmes de 18 à 49 ans. Au Japon, préservatif et avortement forment les bases du système de régulation des naissances, la pilule étant jusqu'à présent illégale. Dans les pays d'Europe de l'Est, l'avortement a longtemps tenu lieu de contraception, certains pays enregistrant beaucoup plus d'avortements que de naissances. En URSS, on comptait 113 avortements pour 100 naissances en 1989.

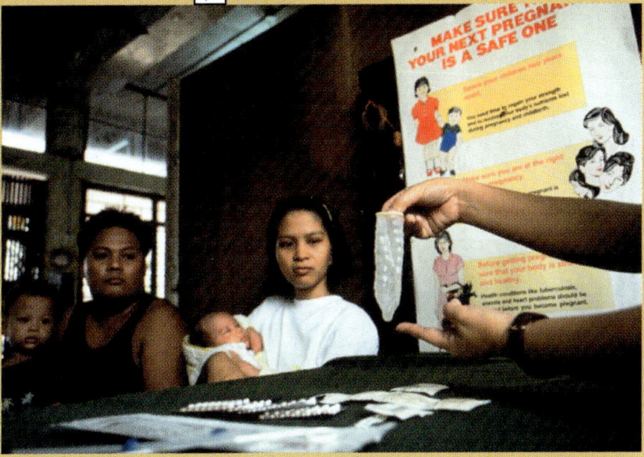

Prévention du sida dans un centre de planning familial de Manille (Philippines). Aujourd'hui, dans le monde, environ 7 % des couples recourent aux condoms et aux injections.

les autorités de la situation des femmes. 34 % des femmes pratiquant la contraception sont stérilisées (2002), 36 % portent un stérilet. Les autres méthodes (pilule, préservatif) sont très minoritaires. Dans certaines provinces (Hebei, Gansu), 90 % des femmes mères de 2 enfants sont stérilisées (1992). En cas d'échec, l'avortement est encouragé, le nombre variant fortement d'une année à l'autre, en raison de la pression exercée sur les cadres locaux. En Algérie et au Maroc, la pilule prédomine (respectivement 44 % et 38 % d'utilisatrices en 2002), tandis que le stérilet ne concerne que, pour le premier pays, 4 % et, pour le second pays, 5 % des femmes; la stérilisation n'existe pratiquement pas.
La Tunisie, au contraire, privilégie le stérilet (25 % d'utilisatrices) et la stérilisation féminine (13 %).En Amérique latine, la pilule est assez souvent utilisée, notamment au Brésil (20 % d'utilisatrices) ; la pose de stérilets est inférieure à 10 %, sauf en Colombie, en Équateur, au Pérou et au Mexique. La stérilisation peut concerner jusqu'à 30-40 % des femmes (République dominicaine, Puerto Rico, Salvador, Panamá et Brésil). Enfin, quelques pays fortement marqués par les prescriptions de l'Église catholique recourent aux méthodes acceptées par celle-ci : c'est le cas par exemple de 14 % des Péruviennes et de 20 % des Boliviennes qui pratiquent la méthode du rythme. Sauf à Cuba, l'avortement reste illégal : l'avortement clandestin a régressé au fur et à mesure que se développaient les méthodes modernes de contraception, mais il reste un problème de santé publique.

Au-delà de la contraception, l'éducation

L'avortement pratiqué dans des conditions insuffisantes de sécurité sanitaire représente en effet une véritable menace pour la santé des femmes : environ 20 millions d'avortements sont pratiqués chaque année dans le monde dans de mauvaises conditions d'après l'OMS – dont la très grande majorité (95 %) dans les pays en développement (19 millions). Ces avortements sont réalisés dans les pays où l'avortement est illégal, un héritage de la colonisation et de l'influence des églises, et où l'accès aux moyens de contraception modernes est insuffisant. L'Afrique totalise 5 millions d'avortements dangereux, l'Asie 9,9 millions, l'Amérique latine et les Caraïbes 4 millions. Ces chiffres renvoient à plusieurs réalités frappantes : une grossesse sur dix aboutit à un avortement dangereux ; environ 80000 femmes meurent des complications de ces avortements, soit environ 13 % des décès maternels. Par ailleurs, rapporté au nombre de femmes âgées de 15 à 50 ans ou aux naissances vivantes, le nombre des avortements dangereux est particulièrement élevé en Afrique et en Amérique latine. Jusqu'à 153 mères meurent des suites d'un avortement mal fait pour 100000 naissances en Afrique de l'Est.

En vingt ans, la proportion des utilisatrices d'une méthode moderne de contraception a beaucoup augmenté, ce qui laisse espérer une régression de l'avortement clandestin. Au Kenya, la proportion des utilisatrices de méthodes modernes est passée de 10 % à 31 % entre 1984 et 1998, au Mexique de 23 % à 56 % entre 1976 et 1996, au Brésil de 57 % à 70 % entre 1986 et 1996.

Manifestation anti-avortement aux États-Unis. L'opposition à cette pratique de limitation des naissances prend parfois dans ce pays des formes extrêmement violentes.

En revanche, certains pays restent très à l'écart de ce mouvement, notamment les pays d'Afrique de l'Ouest : au Mali, la proportion d'utilisatrices de méthodes modernes n'a gagné que 4 points entre 1987 et 1995, passant de 1 % à 5 %. Une majorité des pays d'Afrique subsaharienne connaissent des taux inférieurs à 10 % (21 pays sur 33).

Le nombre d'enfants procréés dans un pays ne dépend pas uniquement de l'impact des technologies modernes de contraception : il reflète avant tout la volonté des couples de réduire la taille de la famille, cette volonté résultant d'un certain niveau d'éducation et, plus globalement, d'un certain état social et économique. Les systèmes économiques traditionnels (importance de l'agriculture, recours à la main-d'œuvre familiale, faible division du travail,

Estimation des avortements dangereux pour la santé des femmes dans le monde 1995-2000

	Nombre estimé d'avortements maternels dangereux (en milliers)	Nombre d'avortements dangereux pour 100 naissances vivantes	Mortalité : décès maternels dus à des avortements dangereux pour 100 000 naissances vivantes
Monde	**20 000**	**15**	**57**
Régions développées	**900**	**7**	**4**
Régions moins développées	**19000**	**16**	**63**
Afrique	**5 000**	**16**	**110**
Afrique de l'Est	*1 900*	*19*	*153*
Afrique centrale	*600*	*14*	*98*
Afrique du Nord	*600*	*13*	*24*
Afrique du Sud	*200*	*13*	*49*
Afrique de l'Ouest	*1 600*	*16*	*121*
Asie	**9 900**	**13**	**48**
Asie de l'Est	-	-	-
Asie du Nord	*6500*	*17*	*72*
Asie du Sud-Est	*2800*	*23*	*66*
Asie de l'Ouest	*500*	*11*	*20*
Europe	**900**	**12**	**6**
Europe de l'Est	*800*	*25*	*15*
Europe du Nord	*< 30*	*2*	*0,2*
Europe du Sud	*< 90*	*6*	*1*
Europe de l'Ouest	*	*	*
Amérique latine	**4 000**	**36**	**41**
Caraïbes	*200*	*21*	*71*
Amérique centrale	*900*	*26*	*20*
Amérique du Sud	*3 000*	*42*	*47*
Amérique du Nord	*	*	*
Océanie	**30**	**12**	**51**

* *nombre négligeable*

faible intervention de l'État dans la protection sociale, etc.) exigent une descendance nombreuse pour compenser une forte mortalité. Avec le processus de modernisation (entrée dans l'économie de marché, urbanisation, mais aussi scolarisation, changement dans le statut des femmes), la question du nombre des enfants cesse de dépendre étroitement d'impératifs économiques et sociaux et devient (ou tend à devenir) une affaire plus strictement privée répondant à des besoins affectifs et psychologiques. Certains pays très pauvres tardent à changer de mentalité car la situation socio-économique qui est la leur ne le permet pas. L'épidémie de sida peut par ailleurs constituer un frein durable au contrôle de la fécondité.

Environ 170 millions de personnes sont des migrants internationaux. Ce vaste mouvement de population suit des circuits complexes, passant par des pays de transit, comme le Sénégal, la Turquie, l'Indonésie ou le Mexique, en route vers l'Europe, l'Amérique du Nord ou l'Asie du Sud-Est. Les nations riches aux populations vieillissantes se posent la question de savoir si l'arrivée des migrants peut compenser à terme leur démographie déclinante. À ces migrations internationales s'ajoutent les migrations internes qui voient, comme en Chine, de nombreux ruraux émigrer vers les villes.

Ouvriers immigrés travaillant sur un chantier du bâtiment en France.

Migrations : l'autre mondialisation

Histoire et stratégies des migrations

Les migrations sont un phénomène très ancien. De nos jours, les flux migratoires sont organisés en de vastes systèmes en direction des zones de richesse du monde.

« *La mobilité et l'échange ont toujours constitué la base de toutes les cultures* », telle est l'opinion d'un paléontologue, commentant la découverte à l'ouest des États-Unis d'un crâne faisant penser à une origine peut-être polynésienne. Depuis l'aube de l'humanité, les hommes ont bougé, puisque les premiers humains ont quitté les savanes africaines pour le Nord et l'Est, atteignant les parties les plus éloignées du globe en quelques millénaires.

170 millions de migrants à travers le monde

Les migrations d'autrefois

On a de bonnes raisons de penser maintenant que le continent américain a été visité par des hommes bien avant l'arrivée des anciens Aïnos (anciens habitants du nord du Japon), y compris en provenance de Polynésie. Mais ces migrations anciennes ne mobilisaient sans doute que de très petits nombres d'hommes à chaque fois, quelques dizaines, quelques centaines, appartenant à un même clan.
Les migrations de la fin de l'Empire romain (dites « invasions barbares »), celles du Moyen Âge (les croisades) mobilisèrent davantage de monde. Elles s'accélérèrent à partir de la Renaissance avec les déplacements volontaires d'Européens ou ceux, forcés, en direction des Amériques (esclaves originaires d'Afrique). On estime que 9 à 11 millions d'esclaves ont quitté les côtes africaines entre 1470 et 1870.

Au XIXe siècle, au fur et à mesure que se constituaient les États-nations, les migrations prirent véritablement le caractère de migrations internationales. Des millions d'Européens (40 millions entre 1850 et la Grande Guerre) quittèrent le Vieux Monde pour les pays « neufs » qu'étaient les Amériques, l'Australie, la Nouvelle-Zélande, mais aussi l'Afrique du Sud. Ce sont les pays scandinaves, les pays anglo-saxons et les pays méditerranéens qui fournirent les plus gros flux dont a largement bénéficié un pays comme les États-Unis. Rien qu'entre 1880 et 1914, au moins 20 millions d'immigrants se sont installés aux États-Unis, pays par excellence de l'immigration. Aujourd'hui, ce pays accueille chaque année entre 800 000 et 900 000 immigrants légaux, sans compter un nombre difficile à calculer d'immigrants illégaux en provenance du Mexique, des Caraïbes et d'Amérique du Sud. Par ailleurs, environ 200 000 personnes émigrent, soit une immigration nette de 600 000 à 700 000 personnes. Un tel chiffre est difficile à établir au plan mondial parce qu'on connaît mal tous les flux, arrivées, transits, retours. À l'échelle de la planète tout entière, on peut simplement estimer le nombre de personnes résidant à l'étranger depuis plus d'un an à 170 millions. Ce chiffre constitue ce qu'on peut appeler les migrants internationaux.

Ellis Island, lieu historique d'accueil des immigrants à New York. En 1999, 10 % de la population totale des États-Unis, soit 28 millions de personnes, est née à l'étranger.

Rapporté à la population totale du globe, il est modeste puisqu'il ne représente que 2,7 % de l'humanité. Mais il renvoie néanmoins à un phénomène en forte augmentation en chiffres absolus depuis la Seconde Guerre mondiale : entre 1965 et 2000, le nombre des migrants internationaux aurait plus que doublé, passant de 75 à 170 millions.

La migration internationale est cependant l'exception car les hommes préfèrent rester au pays et les États contrôlent les frontières. Certains États ont empêché leurs concitoyens d'émigrer (URSS, Corée du Nord, Cuba...). D'autres en revanche favorisent la venue d'immigrants : États-Unis, Canada, Australie, Nouvelle-Zélande, Israël.

Carte *(pages suivantes)*

La constante augmentation du nombre de migrants internationaux représente un indicateur particulièrement révélateur du processus de mondialisation. En effet, leur nombre a plus que doublé en l'espace d'une trentaine d'années.

Les migrations internationales

La spécificité de la Russie

Les retours des « pieds-noirs » russes expliquent le solde migratoire positif de la Russie. Si de nombreux Russes ont quitté l'ex-URSS après la chute du mur de Berlin en direction de l'Ouest, beaucoup d'autres sont rentrés (fonctionnaires, ingénieurs…). On estime à 1 691 000 le nombre d'entrées nettes entre 1990 et 1995. Par la suite, ce solde migratoire a diminué mais il est resté positif, en raison des mouvements provenant notamment des républiques d'Asie centrale.

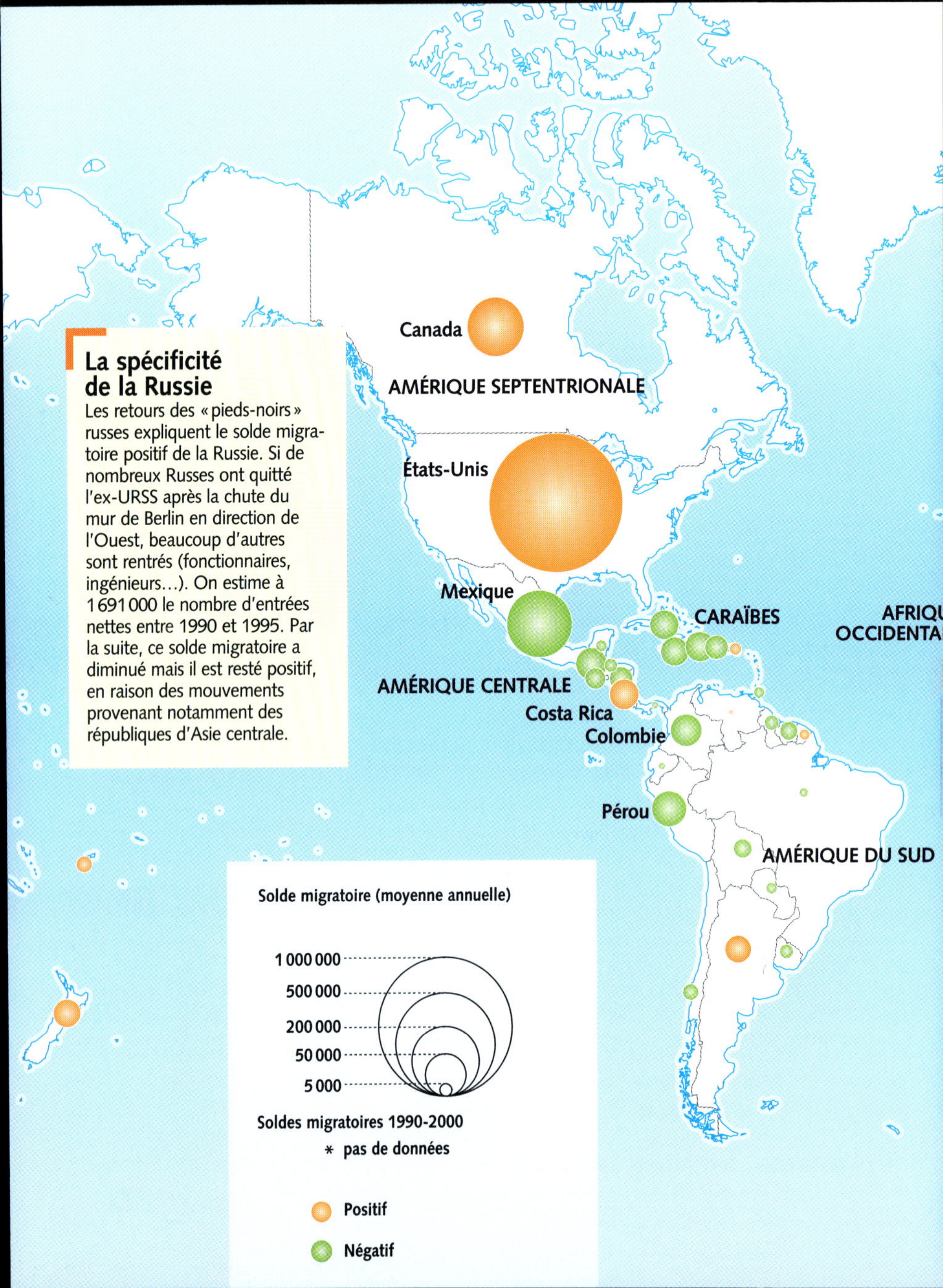

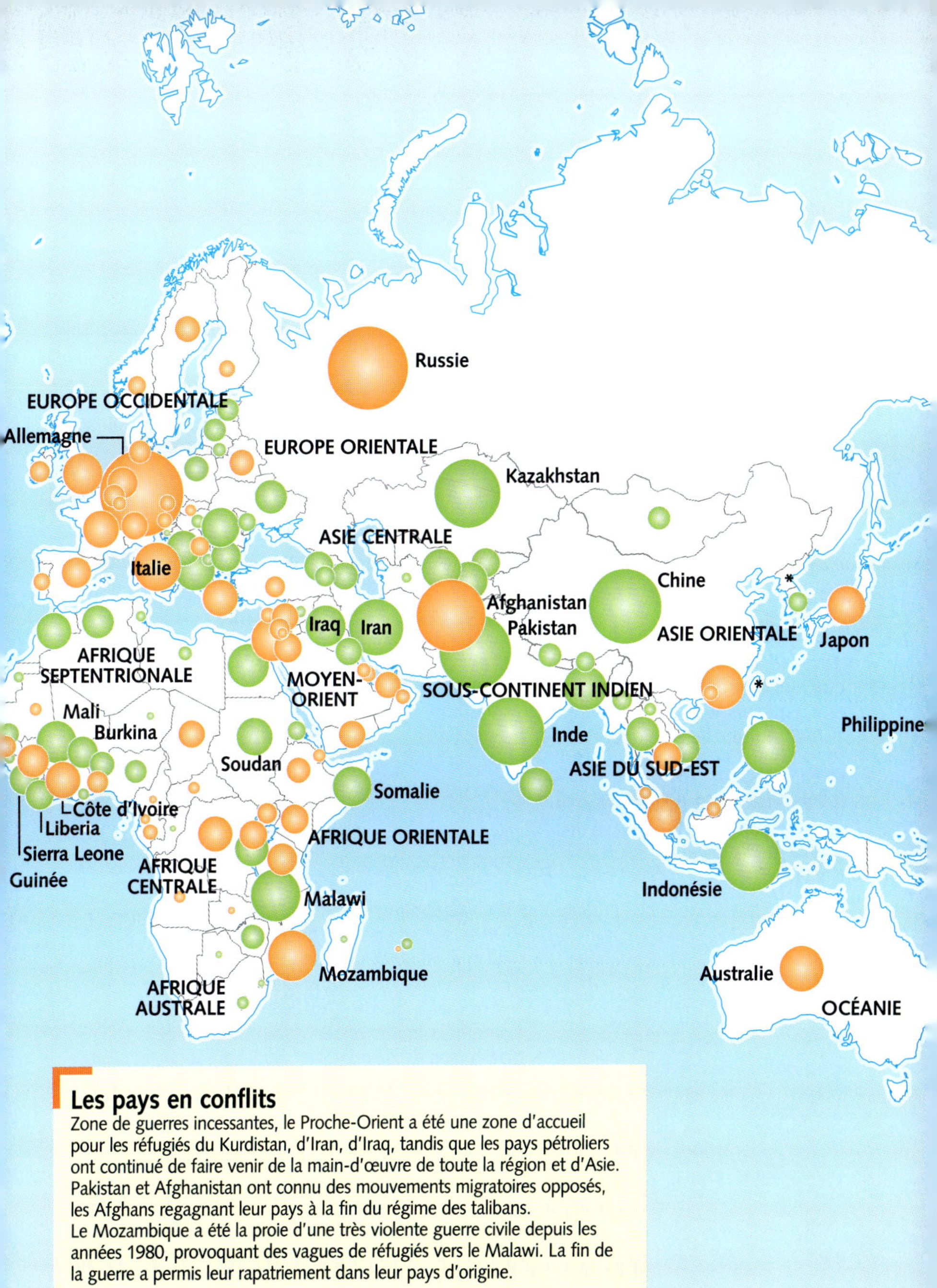

Les pays en conflits

Zone de guerres incessantes, le Proche-Orient a été une zone d'accueil pour les réfugiés du Kurdistan, d'Iran, d'Iraq, tandis que les pays pétroliers ont continué de faire venir de la main-d'œuvre de toute la région et d'Asie. Pakistan et Afghanistan ont connu des mouvements migratoires opposés, les Afghans regagnant leur pays à la fin du régime des talibans.
Le Mozambique a été la proie d'une très violente guerre civile depuis les années 1980, provoquant des vagues de réfugiés vers le Malawi. La fin de la guerre a permis leur rapatriement dans leur pays d'origine.

Source : d'après *Population et sociétés*, n° 382, septembre 2002, INED

Émigrants au bord du Rio Grande (Mexique). Chaque année, des dizaines de milliers de personnes tentent de franchir illégalement la frontière entre le Mexique et les États-Unis.

Le « renversement des flux migratoires »

Après la Seconde Guerre mondiale, on assiste à un changement très spectaculaire concernant ce qu'Alfred Sauvy, démographe et économiste français, a appelé le « renversement des flux migratoires ». Ce ne sont plus les pays du Nord qui alimentent les flux de départ, mais les pays du Sud. La mutation concerne également le sexe et la profession des migrants : on compte de plus en plus de femmes, et les migrants sont plus qualifiés que ceux qui restent au pays.
Aujourd'hui, les flux migratoires sont toujours motivés par les différences, d'un pays à l'autre, en matière de salaires et d'emplois, de dynamisme démographique et de sécurité des personnes.
On quitte son pays d'origine pour manger à sa faim, pour avoir un niveau de vie meilleur, pour échapper aux pressions idéologiques ou religieuses, pour fuir la guerre. Ces flux migratoires sont organisés en de vastes systèmes en direction des pôles de développement (Amérique du Nord, Europe occidentale, Japon), de certains pays pétroliers du Moyen-Orient et des pays émergents du Sud-Est asiatique. Les rapports privilégiés qui existaient entre les anciennes métropoles et leurs territoires coloniaux tendent à s'effacer au profit de relations plus diverses avec les grands pôles de l'économie mondiale.

Les stratégies migratoires

Les migrations révèlent de véritables stratégies familiales : le groupe désigne celui ou ceux qui vont partir, lesquels relaient un émigrant qui est rentré au pays. Les migrations se font souvent en plusieurs étapes : au Mexique, Maria a quitté son village du Guanajuato pour Mexico. Son fils, Alejandro, époux de Lourdes et père d'un petit garçon de deux ans, a tenté sa chance en payant un *pollero* (« passeur ») pour traverser illégalement la frontière vers les États-Unis. Il est en Californie et espère économiser suffisamment d'argent pour revenir au pays et ouvrir un garage de réparation de voitures, le rêve qu'il espère réaliser un jour.

Les pays de départ

On peut esquisser une typologie des pays de départ en trois groupes, selon le niveau de qualification de leur population, selon leur situation politique et selon leur degré de développement économique.

Les migrations de la pauvreté

Un premier groupe réunit les pays fournisseurs de main-d'œuvre plus ou moins qualifiée. La migration à partir de ces pays suit un schéma classique : on quitte un pays pauvre pour se rendre là où sont l'emploi et la richesse.
En 1995, le coût horaire de la main-d'œuvre était de 0,25 dollar en Chine, 0,46 en Thaïlande, 0,60 en Russie, 2,9 en Pologne, 13,77 au Royaume-Uni, 16 au Canada, 17,20 aux États-Unis, 19,34 en France, 23,66 au Japon et 31,88 en Allemagne. On devine sans peine dans quelle direction se font les flux migratoires. La palette des pays concernés est diverse, de l'Asie de l'Est (Indonésie, Philippines, Chine) à l'Asie du Sud (Bangladesh, Sri Lanka, Népal, Inde), à des pays du Moyen-Orient (Égypte, Turquie) et du Maghreb, sans oublier des pays d'Amérique latine (Pérou, Colombie, Haïti, Mexique, Bolivie), des pays d'Afrique (Mali, Ghana, Lesotho, Botswana) ou des pays d'Europe orientale (Pologne, Bulgarie, Roumanie, Albanie).
Les transferts de fonds entre pays d'accueil et pays d'origine sont très importants et croissants.
Une partie de ces migrations est légale, l'autre est illégale. Chaque année, des milliers de migrants originaires d'Amérique centrale et d'Amérique du Sud tentent de franchir la frontière mexicaine ; à partir du Maroc, des Africains tentent de pénétrer en Espagne, porte d'entrée de l'Europe. Ils sont refoulés pour la plupart, ou bien perdent la vie. Chaque année, 100000 clandestins tentent ainsi de traverser le détroit de Gibraltar, au péril de leur vie.
En cinq ans, entre Tanger et Tarifa, près de quatre mille personnes noyées ont été récupérées : il n'y a pourtant que 14 kilomètres entre les deux villes. Au fur et à mesure que le niveau d'instruction augmente dans les pays d'origine et que les pays d'accueil sont plus exigeants, le niveau de formation des migrants s'élève également. Les migrants sont en moyenne âgés de 20 à 35 ans, les femmes tendant à être aussi nombreuses que les hommes.

Les transferts financiers des immigrés

Chaque année, environ 8 milliards de dollars sont transférés aux Philippines par les 4,2 millions de personnes expatriées, soit trois fois plus que le montant des aides internationales que reçoit ce pays.
Au milieu des années 1990, le Burkina équilibrait sa balance des paiements avec l'argent des émigrés. En 1990, 526 millions de dinars étaient transférés en Tunisie, soit 5 % du PIB, 50 % de la dette et 10 % des recettes courantes de la balance des paiements. Dix ans auparavant, ces transferts ne dépassaient pas les 198 millions de dinars. Ainsi, sur les murs des grandes villes des pays riches, on voit souvent des affiches de banques vantant les facilités qu'offrent celles-ci en matière de transferts de fonds vers les pays du tiers monde.

Les migrations de compétences

Un deuxième groupe concerne les pays exportateurs de compétences. Il s'agit d'une migration (parfois temporaire) de cadres qui circulent entre les zones les plus développées de la planète (Amérique du Nord, Europe, Japon, Hongkong, Australie et Nouvelle-Zélande). Cette migration concerne des Européens, des Américains ou des Japonais mais aussi, et de plus en plus, des ressortissants de pays du Sud, ingénieurs, informaticiens, médecins en provenance d'Asie et du Proche-Orient. De nombreux médecins originaires d'Inde exercent leur profession à l'étranger. La récente épidémie du SRAS a temporairement bouleversé ce type de migrations en Asie car les salariés qui sont impliqués sont en général bien protégés : leurs entreprises les ont fait temporairement revenir dans des pays moins exposés.

Les pays d'Afrique subsaharienne accueillaient plus de 300 000 réfugiés en 1996.

La Guinée (qui comprenait seulement 7,5 millions d'habitants) devait faire face à l'afflux de 650 000 réfugiés ; le Congo, 455 000 ; le Soudan, 395 000 ; la Tanzanie, 335 000 ; l'Éthiopie, 328 000 ; la Côte d'Ivoire, 320 000. Les réfugiés provenaient des pays suivants, par ordre décroissant : le Liberia, 755 000 ; la Somalie, 467 000 ; le Soudan, 434 000 ; la Sierra Leone, 350 000 ; l'Érythrée, 343 000, etc.
Pour la plupart, il s'agit de pays pauvres ou très pauvres qui doivent faire face, pour les uns, à des déperditions en adultes importantes et, pour les autres, à des charges financières considérables, avec l'aide du Haut Comité pour les réfugiés des Nations unies.

Les migrations politiques

Un troisième groupe, enfin, englobe les pays dont la situation politique ou un conflit engendrent des réfugiés. Le nombre de ces derniers fluctue au gré des conflits : 17 millions en 1991, 27 millions en 1995, 27 millions en 1997. En diminution depuis la fin de la guerre froide, ce chiffre est encore de 19 millions en 2004. Ces réfugiés appartiennent pour l'essentiel aux pays du Sud. La situation s'est apaisée dans certaines régions (Mozambique, Afrique du Sud, Namibie), elle demeure préoccupante ailleurs (région des Lacs, Corne de l'Afrique), plus récemment en Côte d'Ivoire. Elle affecte également les pays de l'Europe balkanique et du Proche-Orient (ex-Yougoslavie, Afghanistan, Irak, Kurdistan).

Clandestins aux portes de l'Espagne. En 2004, 19 millions de personnes ont fui leur pays pour aller vers l'emploi et les pays développés.

Les pays de transit et les pays d'accueil

Avant de pouvoir s'installer en Europe ou aux États-Unis, les migrants transitent par la Turquie, le Mexique ou la Malaisie.

Certains pays sont des plaques tournantes pour de nouvelles migrations : on y vient, on en part. Ce fut le cas du Canada, d'où les immigrants repartaient vers les États-Unis à la fin du XIXe et au début du XXe siècle. Certains pays constituent aujourd'hui des tremplins pour d'autres horizons, ce sont des pays « passerelles » comme le Sénégal, le Maroc, la Turquie, la Malaisie, le Mexique, autant de traits d'union entre l'Europe et l'Afrique, l'Europe et l'Asie, l'Asie de l'Est et du Sud, l'Amérique du Sud et du Nord.

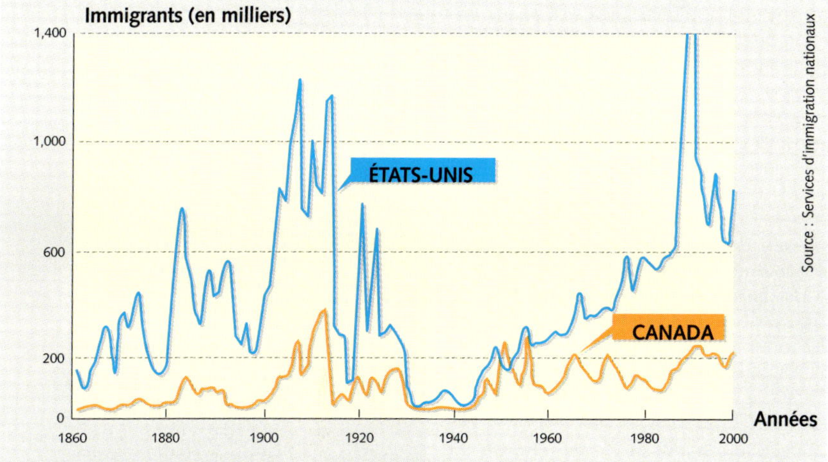

L'immigration aux États-Unis et au Canada (1860-2000). L'immigration aux États-Unis n'a pas connu d'évolution régulière, bien au contraire : à des périodes de flux très élevés succèdent des périodes de reflux, liées à la conjoncture économique ou à des mesures restrictives prises par les gouvernements. On reconnaît la grande vague des années 1880, qui reprend avec plus de vigueur encore après 1900 pour cesser avec la grande crise de 1929-1930. L'immigration reprend lentement après la Seconde Guerre mondiale jusqu'au pic de la fin des années 1980 : en 1986, près de 3 millions d'immigrants illégaux ont été autorisés à résider légalement dans le pays à la suite de la loi *Immigration Reform and Control Act.* Le Canada connaît également des vagues de flux et de reflux, mais de moindre ampleur qu'aux États-Unis. Pour beaucoup d'immigrants, ce pays n'a été qu'une étape vers les États-Unis.

En valeur absolue, les États-Unis sont le premier pôle d'attraction des populations migrantes : 28 millions de leurs habitants sont nés à l'étranger (soit 10 % de la population totale en 1999). Ensuite viennent l'Inde et le Pakistan, l'Allemagne, le Canada, l'Australie, l'Arabie saoudite, etc. Mais, en rapportant ces chiffres à la population du pays en question, la hiérarchie est tout à fait différente.

– Ce sont les pays pétroliers, constituant un premier groupe, qui sont les plus attractifs : en premier lieu, les Émirats arabes unis, avec 90 % de population étrangère ; le Koweït, 72 % ; le Qatar, 65 % ; l'Arabie saoudite, le Bahreïn, Oman, le Brunei, la Libye rassemblant plus de 25 % d'étrangers. Cette immigration peut être très aléatoire, car soumise à de brusques retournements de la conjoncture économique ou politique, comme la guerre du Golfe en 1991.

– Un deuxième groupe rassemble de très petits territoires, des îles ou des péninsules : c'est le cas de Monaco, Macao, Hongkong (aujourd'hui rattaché à la Chine), Singapour. Ces pays accueillent de 17 % (Singapour) à 67 % (Monaco) d'étrangers.

– Un troisième groupe comprend des pays immenses, peu peuplés : l'Australie (2,5 hab. au km^2 ; 24 % d'étrangers), le Canada (densité de 3,1 hab. au km^2 ; 17 % d'étrangers).

– Un quatrième groupe réunit les pays industriels occidentaux. L'Europe est devenue le premier continent d'immigration du monde. Certains États peuvent comprendre jusqu'à 10 % d'étrangers dans leur population, comme les États-Unis. Seuls la Suisse et, plus encore, le Luxembourg dépassent cette proportion avec 19 % et 36 % d'étrangers. Les autres pays les plus attractifs d'Europe sont l'Autriche (9,3 %), la Belgique (9 %), l'Allemagne (8,9 %), la France (5,6 %). Les pays du sud de l'Europe sont devenus récemment terres d'immigration (Italie, Espagne).

– Un dernier groupe concerne les pays qui reçoivent en premier asile des contingents importants de réfugiés : le Costa Rica, l'Iran, le Pakistan, l'Éthiopie, le Soudan, la Tanzanie, la Guinée, le Cambodge. Plusieurs de ces pays sont parmi les plus pauvres du monde (Éthiopie, PNB en parité de pouvoir d'achat : 620 dollars par habitant par an).

Une hospitalité sélective

À Singapour, autant les personnes diplômées sont bien accueillies (permis de longue durée, facilités pour faire venir leur famille, prise en charge de leur venue dans la presqu'île), autant les migrants non qualifiés sont pénalisés : interdiction de faire venir leur famille, examen gynécologique des femmes pour savoir si elles sont enceintes... À Hongkong, on fait venir de nombreuses femmes philippines qui font la cuisine ou gardent les enfants.

Centre d'adoption au Brésil. De plus en plus de couples européens recourent à l'adoption d'enfants nés dans des pays pauvres.

Les limitations européennes

Depuis la crise du pétrole dans les années 1970, les pays européens ont tenté de réglementer les migrations internationales, favorisant le regroupement familial mais réprimant les entrées illégales. En 1985, les accords de Schengen ont permis une certaine harmonisation des politiques migratoires en Europe. L'accord d'Amsterdam, signé en 1999, a comme objectif une politique commune complète en matière de migration et d'asile.

Les migrations de remplacement ou le tonneau des Danaïdes

Certains États européens se sont demandé s'ils ne devaient pas favoriser la venue de migrants pour compenser le vieillissement de leur population, la diminution de la population active et de la population totale.

En juillet 2000, Antonio Vitorino, le commissaire européen pour la Justice et les Affaires intérieures, annonçait que la politique d'immigration zéro était révolue pour l'Europe et qu'il fallait faire entrer de nouveaux migrants, sans créer de nouveaux ghettos dans les villes et les cités.Est-ce que l'immigration peut contrecarrer l'évolution démographique de certains pays ? Oui, mais dans une certaine mesure seulement. La Division de la population des Nations unies a calculé, en supposant que le niveau de la fécondité reste constant (1,4 à 1,96 enfant par femme), le nombre d'immigrants que chaque État devrait accueillir entre 2000 et 2050 de façon à maintenir tel ou tel objectif : même niveau de population totale, même niveau de population active, même proportion de jeunes par rapport aux individus âgés qu'en 1995. Les calculs montrent qu'il faudrait introduire des nombres considérables d'immigrants pour contrecarrer les tendances actuelles. Il n'est pas réaliste de penser que l'un de ces scénarios va se dérouler tel quel. Ces calculs ne tiennent pas compte de la situation de départ et supposent un alignement immédiat de la population immigrée sur les comportements du pays d'accueil : ils montrent leurs limites.

Les pays riches ne peuvent pas tout attendre des migrations, car ces dernières ne peuvent jouer un rôle compensatoire que pendant un temps limité. Enfin, il est complètement illusoire de vouloir figer indéfiniment la répartition actuelle des jeunes, des adultes et des personnes âgées : le vieillissement est un horizon inéluctable auquel tous les pays du monde seront confrontés tôt ou tard.

Des chiffres irréalistes

L'Allemagne, la France, l'Italie et le Royaume-Uni comptent pour 66 % de la population de l'Union européenne et reçoivent 88 % des immigrants de l'Union. Si ces pays voulaient maintenir leur population au niveau de 1995, il leur faudrait tripler le volume de l'immigration : 677 000 entrées nettes par an au lieu de 237 000. Si l'objectif était de maintenir le même volume de population active qu'en 1995, alors il faudrait que l'immigration grimpe à 1,1 million par an, objectif bien peu réaliste. Si, enfin, l'objectif était de maintenir le même équilibre entre adultes (15-64 ans) et personnes âgées (65 ans et plus) qu'en 1995, il faudrait faire venir 9 millions d'immigrants... Au Japon, il en faudrait 10,1 millions, en Russie 4,7 millions chaque année ! Le calcul aboutit à des résultats absurdes. Un pays extra-européen, comme la Corée du Sud, devrait accueillir plus de 5 milliards d'immigrés au cours de la période 2000-2050 !

Les migrations internes

Changer de résidence sans changer de pays : il s'agit d'une autre forme de migration à rayon d'action plus petit, que l'on nomme migration interne.

Comme pour les migrations internationales, la mesure de ce type de mobilité n'est pas facile puisqu'il n'y a pas de système qui enregistrerait exhaustivement ces déplacements. Les pays pourvus de registres de population (la Belgique) ont un avantage sur ceux qui n'en ont pas (la France). On peut avoir une idée de la mobilité intercensitaire en comparant le lieu de résidence des personnes lors de deux recensement consécutifs. Ainsi, pour la France, plus de 27 millions de personnes résidant en métropole ont changé de logement entre 1990 et 1999, soit près d'une personne sur deux. Les deux tiers ont également changé de commune, un tiers a quitté son département, une sur cinq est partie pour une autre région. La mobilité est donc importante. Cependant, après avoir augmenté rapidement jusqu'en 1975, elle est depuis cette date moins intense. Longtemps attractive, la région Île-de-France est devenue déficitaire depuis le milieu des années 1970. C'est de loin la région du Sud-Est qui est la plus attractive.

Famille de paysans chinois à leur arrivée en ville. Entre 1985 et 1990, la migration interne a touché plus d'un Chinois sur dix.

Le cas particulier de la Chine

La mobilité interne est libre dans les pays démocratiques et renvoie aux motivations personnelles (rapprochement familial), aux contraintes de l'emploi, au marché du logement... Cenpendant, il n'en est pas de même dans de nombreux pays, où l'on ne peut s'installer n'importe où car l'État contrôle les migrations internes. En Chine, jusque dans les années 1980, les migrations internes étaient limitées et strictement contrôlées. Les bureaux de la sécurité publique surveillaient les migrations interprovinciales et il était impossible de migrer de la campagne vers la ville hors du cadre de migrations autoritaires, voire forcées. Ce contrôle fonctionnait grâce au système d'enregistrement de la résidence *(hukou)*, qui séparait complètement les régions rurales et les régions urbaines : il était interdit à un Chinois ayant son *hukou* en zone rurale de venir s'installer en ville. Pour cette raison, l'urbanisation est restée longtemps modérée en Chine (20 % de la population vivait dans les villes en 1980).

La migration se fait en deux étapes : dans un premier temps, le migrant quitte une région rurale peu développée pour une autre qui l'est davantage ; dans un deuxième temps, il gagne une ville. La région de l'Est est de loin la principale destination des migrants venant de l'Ouest et du Centre.

Les migrants autorisés sont plus qualifiés que la moyenne de la population générale, ils sont plus jeunes et ce sont surtout des hommes ; ils occupent des emplois dédaignés par la main-d'œuvre locale, mal payés, sales, physiquement pénibles, dangereux ou ennuyeux. À Beijing, 103 métiers leur sont interdits. La moitié des hommes travaille dans la construction. Les femmes sont employées dans les services sociaux ou travaillent en usine (une migrante sur cinq). Ces dernières forment les gros contingents des nouvelles usines qui fonctionnent en continu le long des côtes, à l'est et au sud de la Chine. Ces grandes usines, fortement éclairées la nuit, font penser aux *maquiladoras* mexicaines.

Les migrants chinois qui arrivent légalement dans ces grands centres (tout près de Macao par exemple) n'ont accès ni aux logements individuels, ni aux soins médicaux, ni à l'école pour leurs enfants (les hommes mariés sont en minorité). Ils vivent dans des conditions précaires en dortoirs collectifs et envoient l'argent au pays. Et pourtant, il s'agit de migrants légaux : on imagine les conditions de travail et de vie des migrants illégaux, quatre fois plus nombreux, qui hantent les abords des gares à la recherche d'un emploi, sans aucune garantie sociale.

Qu'elles soient nationales ou internationales, les migrations se sont intensifiées depuis la Seconde Guerre mondiale et depuis la fin de la guerre froide. La mondialisation de l'économie mondiale entraîne des masses importantes de migrants en direction des zones les plus riches du monde, mais les pays du Sud doivent supporter la lourde charge de l'accueil de la majorité des réfugiés de la planète.

Un Chinois sur dix

On peut distinguer au moins trois catégories de migrants : les migrants permanents ayant légalement transféré leur *hukou* dans un lieu de résidence autre que celui de leur lieu de naissance ; les migrants de longue durée, dont le *hukou* n'est pas transféré mais dont le déplacement est autorisé ; enfin, les migrants illégaux qui forment la population flottante. Les deux premières catégories sont repérables statistiquement : on peut chiffrer le nombre de ces migrants à 34 millions de personnes (période 1985-1990). Au contraire, il est très difficile de chiffrer la population flottante, statistiquement invisible : les fourchettes vont de 80 millions à 120 millions de personnes pour le milieu des années 1990. Cela signifie que la migration interne touche aujourd'hui plus d'un Chinois sur dix.

LEXIQUE

[Les maquiladoras] sont des usines implantées à la frontière mexicaine, à capitaux américains, dans lesquelles des milliers de Mexicaines assemblent des télévisions ou des automobiles qui sont immédiatement exportées aux États-Unis.

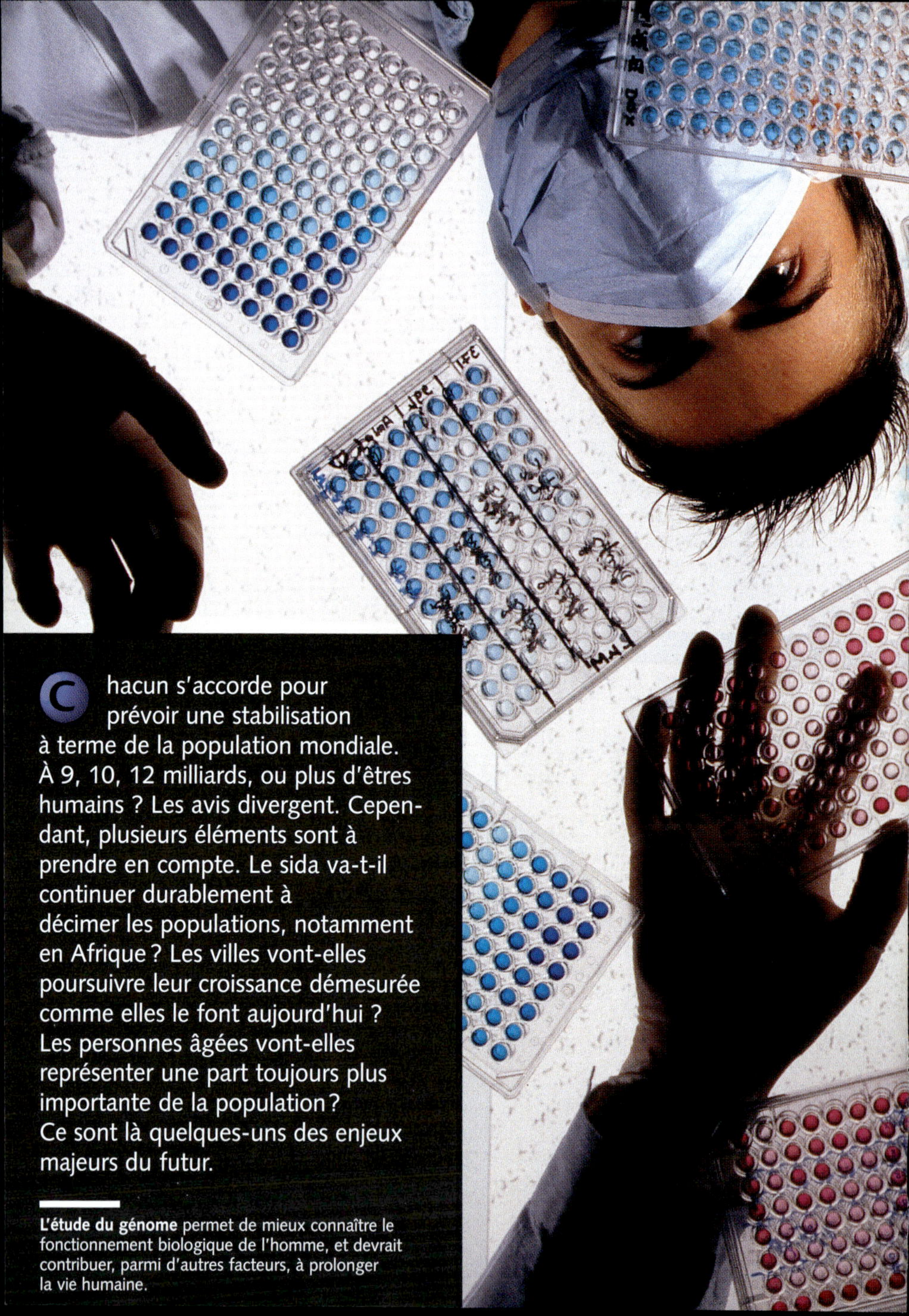

Chacun s'accorde pour prévoir une stabilisation à terme de la population mondiale. À 9, 10, 12 milliards, ou plus d'êtres humains ? Les avis divergent. Cependant, plusieurs éléments sont à prendre en compte. Le sida va-t-il continuer durablement à décimer les populations, notamment en Afrique ? Les villes vont-elles poursuivre leur croissance démesurée comme elles le font aujourd'hui ? Les personnes âgées vont-elles représenter une part toujours plus importante de la population ? Ce sont là quelques-uns des enjeux majeurs du futur.

L'étude du génome permet de mieux connaître le fonctionnement biologique de l'homme, et devrait contribuer, parmi d'autres facteurs, à prolonger la vie humaine.

Le prévisible et l'imprévisible

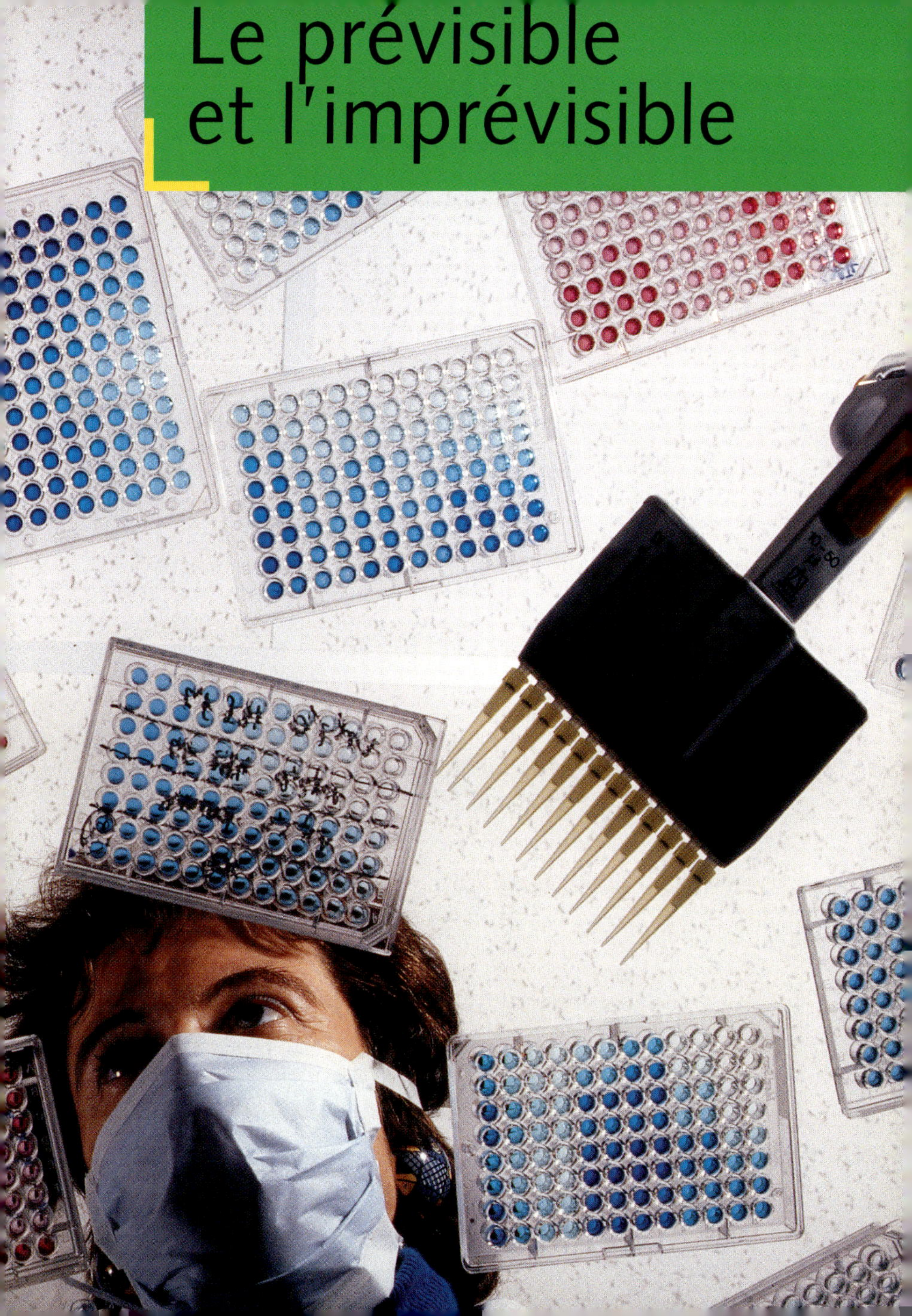

Vers la stabilisation de la population mondiale ?

L'humanité arrive-t-elle à la fin d'un processus qui, ayant vu la population passer de 1 à 6 milliards entre 1800 et 1999, doublerait à peine une dernière fois pour se stabiliser autour de 9-10 milliards d'individus ?

Telle est l'hypothèse la plus souvent, et à vrai dire la seule, avancée par les scientifiques. Des calculs sophistiqués récents publiés par la célèbre revue britannique *Nature* montrent qu'il y a environ 85 % de chance pour que la population mondiale s'arrête de croître avant la fin du XXIe siècle, et que la probabilité est de 60 % pour que la population de la Terre ne dépasse pas 10 milliards. Ces calculs confirment les projections des Nations unies qui prévoient, dans l'hypothèse moyenne, un taux d'accroissement annuel moyen inférieur à 1 % après 2050.

Trois faits méritent d'être notés dans la Révision 2004. Les Nations unies ont tenu compte du fait que quelques pays, d'Afrique notamment, tardent à voir leur fécondité baisser, d'où

La frontière géographique américano-mexicaine – la plus traversée au monde (tant légalement qu'illégalement) – est aussi économique : au Nord, le développement, au Sud, la quête d'un emploi.

Les perspectives des Nations unies

Tous les deux ans (1998, 2000, 2002, 2004...), la Division de population des Nations unies révise ses projections démographiques.
La Révision de 2004 est la 19e de la série depuis 1950. En 2004, en plus de l'horizon 2050, les Nations unies ont envisagé un avenir beaucoup plus lointain, 2300. Trois hypothèses de fécondité (basse, moyenne et élevée) sont avancées pour les différents groupes de pays classés selon leur niveau actuel de fécondité. Par ailleurs, une quatrième hypothèse, celle du maintien au niveau actuel, est testée. Pour la mortalité, les Nations unies ont arrêté deux hypothèses : poursuite des tendances actuelles (hausse de l'espérance de vie à la naissance, mais aussi baisse pour les pays affectés par le sida) ou maintien du niveau actuel. Concernant les migrations, deux hypothèses également ont été retenues : poursuite des flux observés en tenant compte des politiques migratoires affichées par les États, ou bien migration nulle. La combinaison de ce faisceau d'hypothèses aboutit à six variantes de projection. On retiendra surtout ici la variante moyenne et l'horizon 2050.

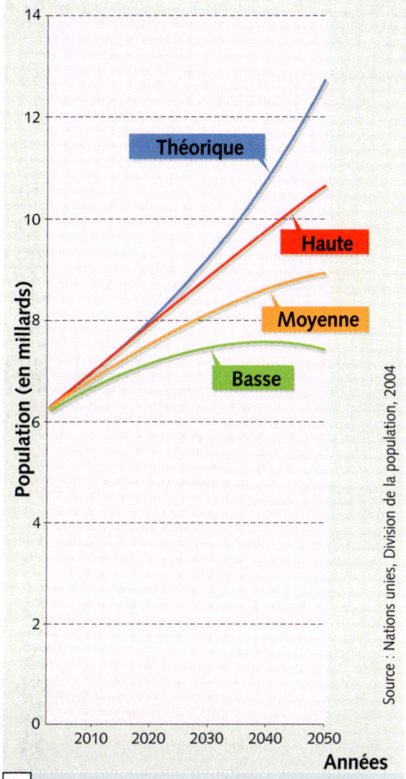

Différentes projections de l'évolution de la population mondiale, de 2000 à 2050.
L'éventail des possibles est ouvert à l'horizon de 2050 si l'on examine les trois variantes (haute, moyenne et basse) proposées par les Nations unies : la population n'atteindrait pas 8 milliards dans l'hypothèse basse ; l'hypothèse moyenne, qui est la plus souvent commentée, donnerait près de 9 milliards d'hommes, et l'hypothèse haute, plus de 10 milliards. Quant à l'hypothèse de la constance de la fécondité (théorique) au niveau actuel, on voit combien elle est aberrante, puisqu'en 50 ans la population doublerait à nouveau son effectif actuel, dépassant 12 milliards d'individus.

une révision à la hausse pour ces derniers. Le cas du Mali, étudié par une équipe franco-malienne, est très significatif à cet égard : de nombreux paramètres démographiques évoluent, en particulier concernant le mariage et le statut des femmes. Mais la fécondité ne bouge pas (voir le chapitre 4 : encart sur les Bwa). Par ailleurs, les experts ont proposé de tester l'hypothèse d'un niveau de fécondité proche du niveau de remplacement qui serait atteint pour la majorité des pays moins avancés au cours du XXIe siècle.
Ensuite, l'impact du sida se révèle encore plus dramatique qu'il n'apparaissait il y a quelques années : davantage de pays sont touchés, plus de personnes sont malades et meurent. Les Nations unies ont dû tenir compte de ces faits dans leurs projections.
Enfin, il est à noter que les migrations ont un rôle non négligeable dans l'évolution démographique des pays les plus développés : sans migrations, la population de ces pays serait en 2050 de 126 millions inférieure à ce qu'il est prévu avec la poursuite d'un flux d'immigration nette.

Projections 2050

En conséquence des changements envisagés, la population projetée en 2004 pour 2050 serait moins élevée que celle prévue en 2000 : 8,9 milliards au lieu de 9,3, selon la variante moyenne. La moitié de la différence, soit 200 millions, serait due à l'accroissement des décès liés au sida, et l'autre moitié, à une fécondité plus faible.

Le potentiel d'accroissement de la population mondiale est considérable (effet conjoint de la jeunesse de la population mondiale, de la baisse projetée de la mortalité et d'une fécondité supérieure au niveau du remplacement dans une cinquantaine de pays en 2050), comme le montre la dernière colonne du tableau ci-après. Si la fécondité restait constante par rapport au niveau atteint en 1995-2000, la population ferait plus que doubler entre 2000 et 2050, atteignant plus de 12 milliards d'habitants.
Le volume de la population est très sensible à une variation modeste du niveau de la fécondité. Si les femmes avaient en moyenne un demi-enfant de plus que dans la variante moyenne, la population du monde atteindrait 10,6 milliards en 2050. Au contraire, si elles avaient en moyenne un demi-enfant en moins, cette population n'atteindrait que 7,4 milliards. L'écart d'un enfant par femme produit une différence de plus de 3 milliards d'habitants (7,4 comparés à 10,6) ! On comprend la nécessité, lorsqu'on se lance dans des pro-

Population estimée en 1950 et en 2000 et projetée en 2050 selon les quatre hypothèses de fécondité (en millions)

Grandes régions	**Population estimée**		**Population projetée en 2050 : hypothèse**			
	1950	2000	1- Basse	2- Moyenne	3- Élevée	4- Constante
Monde	**2 519**	**6 071**	**7 409**	**8 919**	**10 633**	**12 754**
Régions plus développées	**813**	**1 194**	**1 084**	**1 220**	**1 370**	**1 185**
dont						
Amérique du Nord	172	316	391	448	512	453
Europe	547	728	565	632	705	597
Régions moins développées	**1 706**	**4 877**	**6 325**	**7 699**	**9 263**	**11 568**
dont						
Afrique	*221*	*796*	*1 516*	*1 803*	*2 122*	*3 279*
Asie	*1 398*	*3 680*	*4 274*	*5 222*	*6 318*	*7 333*
Amérique latine et Caraïbes	*167*	*520*	*623*	*768*	*924*	*1 032*
Océanie	*13*	*31*	*40*	*46*	*52*	*58*

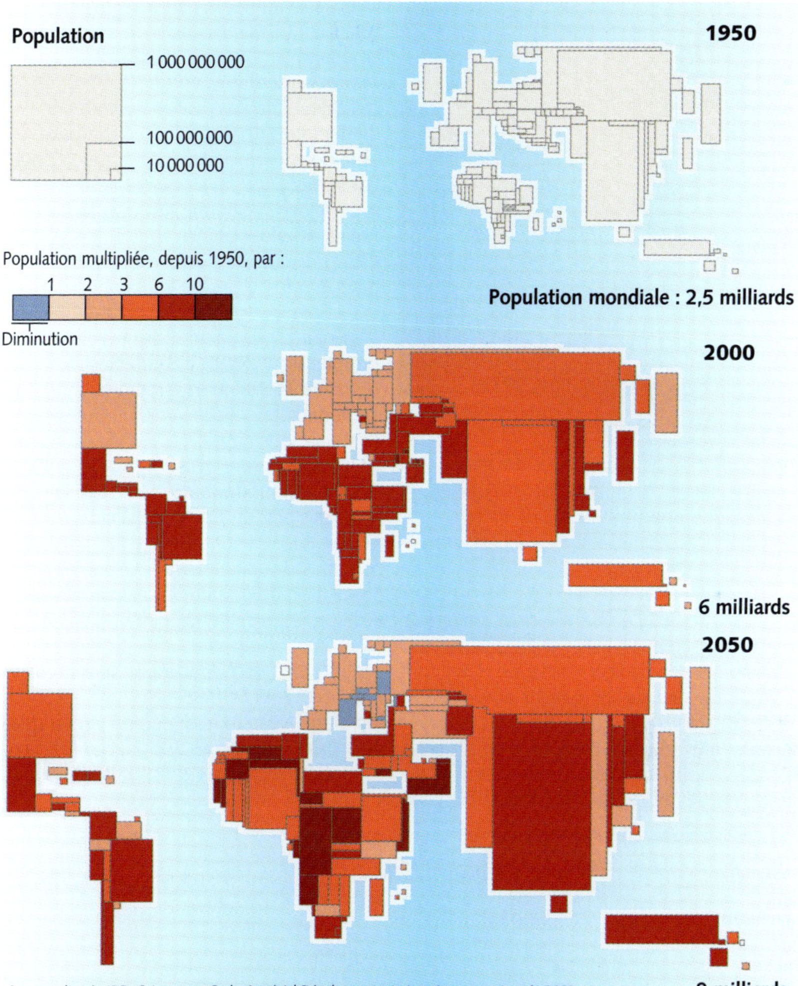

Source : d'après IRD, *Sciences au Sud,* n° spécial Développement et environnement, août 2002

Croissance de la population : prospectives et rétrospectives. Les cartes montrent à la fois la taille de la population de chaque État aux différentes dates et (en couleurs) l'augmentation (ou la diminution) de la population depuis 1950. Ainsi, de 1950 à 2050, la Chine aura multiplié sa population par 2,6, l'Inde par 4, le Bangladesh par 6, le Pakistan par 8, tandis que plusieurs pays européens du Sud et de l'Est verraient leur population baisser. On note que certains pays d'Afrique vont connaître les facteurs multiplicatifs les plus élevés (10 ou plus).

École de brousse au Burkina. Face à une forte proportion de jeunes, certains pays d'Afrique s'efforcent de mettre en place des structures scolaires adaptées.

jections, d'affiner la connaissance des niveaux et des tendances passées de la fécondité pour mieux prévoir le futur. Autre conclusion que l'on peut tirer de ces calculs : la diversité croissante des dynamiques de population entre pays et régions du monde. Tandis que la population des pays développés s'accroît au rythme de 0,25 % par an, celle des pays moins développés s'accroît six fois plus vite (1,46 %). En 2050, la population des pays les plus riches de la planète poursuivra sa diminution entamée depuis 2030. Plusieurs pays connaîtront un volume de population inférieur à ce qu'il est aujourd'hui. Le Japon pourrait perdre 14 % de sa population, l'Italie 22 %, la Bulgarie, l'Estonie, la Lituanie, la Géorgie, la Russie et l'Ukraine entre 30 et 50 %.

Au contraire, la population des pays pauvres s'accroîtra de 2,8 milliards d'habitants. Ce sont les pays les plus pauvres de la planète qui verront leur population augmenter le plus rapidement (1,7 milliard au lieu de 668 millions), malgré la baisse projetée de la fécondité. Avec un taux d'accroissement supérieur à 2,5 % entre 2000 et 2050, les populations du Burkina, du Mali, du Niger, de la Somalie, de l'Ouganda et du Yémen sont supposées quadrupler d'ici 2050, passant de 85 millions de personnes à 369 millions !

La diversité croissante se lit aussi dans les niveaux projetés de la mortalité. Il est prévu que l'espérance de vie passe de 65 ans en moyenne mondiale à 74 ans en 2050. Pour les pays développés, cette espérance de vie passera de 76 ans à 82 ans tandis que, dans les pays pauvres, elle restera beaucoup plus faible (73 ans contre 63 ans aujourd'hui).

Population actuelle et future des pays pauvres dont le taux d'accroissement est supérieur à 2,5 % entre 2000 et 2050 (en millions)

	PNB/hab. en 2000*	**Population** en 2000	**Population** en 2050
Burkina	**970**	**11 905**	**42 373**
Mali	780	11 904	45 998
Niger	**740**	**10 742**	**53 037**
Somalie		8 720	39 669
Ouganda	**1 210**	**23 487**	**103 248**
Yémen	770	18 017	84 385
Ensemble		**84 775**	**368 710**

* PNB en parité de pouvoir d'achat

L'impact du sida

La probabilité d'être contaminé par le virus du sida est supposée décroître à partir de 2010, mais l'impact à long terme de cette épidémie va cependant être considérable.

Au cours de la décennie 1990-2000, on estime à 46 millions le nombre de décès supplémentaires dus au sida dans les 53 pays les plus affectés : ce nombre pourrait atteindre 278 millions en 2050. Le pire est à venir.
Le Botswana est le pays connaissant le plus fort taux de prévalence (nombre de malades pour 100 habitants à un moment donné) du virus : un adulte sur trois est affecté. L'espérance de vie avait été estimée à 65 ans en 1990-1995, elle est descendue à 56,3 ans en 1995-2000 et devrait encore chuter à 39,7 ans en 2000-2005. Le taux d'accroissement s'est déjà significativement réduit. La population devrait décroître après 2005-2010 et serait de 20 % plus basse en 2050 qu'en 2000. En l'absence de sida, elle aurait été de 63 % supérieure. Et pourtant le Botswana, petit pays producteur de diamants de 1,6 million d'habitants, n'est pas dans une situation économique particulièrement difficile ; de plus, plusieurs

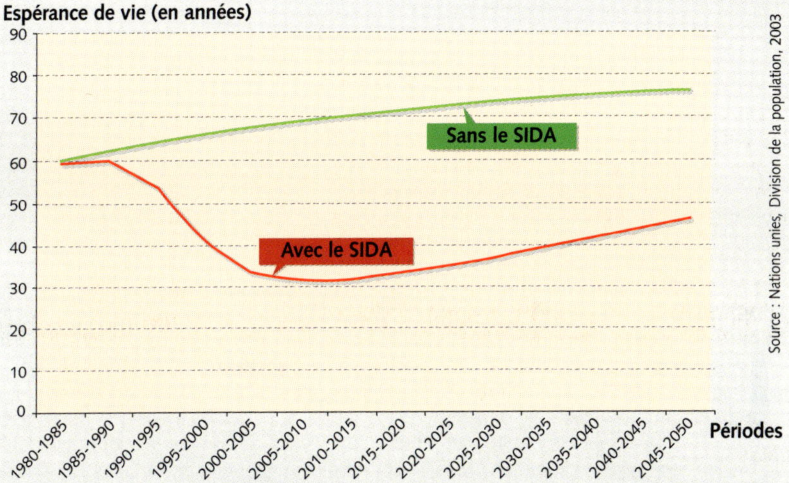

L'espérance de vie au Zimbabwe avec et sans le sida (1980-2050). L'effet du sida sur l'espérance de vie dans ce pays est dramatique. Sans cette maladie, la vie moyenne aurait continué d'augmenter régulièrement, gagnant par exemple 10 ans de 1980-1985 à 2010-2015. Au lieu de cela, l'espérance de vie diminue depuis 1990-1995 et descendra jusqu'à une trentaine d'années vers 2010. Ainsi, ce pays aura perdu 30 ans d'espérance de vie en quelques décennies. La remontée sera probablement lente.

Malade du sida en Afrique. De 1990 à 2000, on estime à 46 millions le nombre de décès supplémentaires dans le monde dus à cette épidémie.

entreprises pharmaceutiques travaillent avec le gouvernement botswanais sur des projets préventifs et curatifs sans équivalent en Afrique. D'autres pays de la région, comme le Lesotho, l'Afrique du Sud et le Swaziland, connaîtront une réduction de leur population. En revanche, un pays comme le Zimbabwe, presque aussi touché que le Botswana, ne verra qu'une réduction minime de sa population, même si l'espérance de vie tombera à 33 ans en 2000-2005 au lieu de 41 ans en 1995-2000 : dans la plupart des pays touchés, en effet, le haut niveau de la fécondité empêche que le taux de croissance devienne négatif et que la population décroisse. Les pays plus tardivement contaminés, ceux d'Asie et d'Amérique latine, vont voir leur excédent de décès s'accroître au XXIe siècle, avec un pic en 2020-2025 en Asie. L'observation de ces régions sera cruciale si l'on veut éviter la catastrophe que connaît aujourd'hui l'Afrique.

Des sociétés menacées de déstructuration

Mais le sida n'a pas que des conséquences sanitaires, il touche la société dans ses structures démographiques, familiales et sociales ; la structure par âge, par exemple, peut être profondément déséquilibrée, le sida faisant disparaître prématurément des hommes jeunes (souvent plus qualifiés que la moyenne), des femmes jeunes et des enfants. Ce déficit d'adultes peut gravement perturber l'économie, l'agriculture, les entreprises. Les familles risquent d'être complètement désagrégées par la maladie : les parents disparaissent en laissant des orphelins, les autres parents étant incapables ou refusant de prendre en charge les survivants ou les malades. Le coût du traitement est hors de portée des populations des pays pauvres ; déjà, le soin aux malades dans les hôpitaux absorbe une part considérable des budgets de santé et risque de conduire à la faillite de systèmes fragiles. D'après certains experts, les seuls recours non médicaux contre l'extension de la maladie sont la prévention (diminution du nombre de partenaires sexuels, emploi du préservatif) et l'abaissement de l'écart d'âge entre époux. On voit combien la maladie, au-delà des aspects démographiques stricts, risque de désorganiser des sociétés pauvres, incapables d'accéder, comme en Europe ou en Amérique du Nord, aux thérapeutiques disponibles. Ces données conduisent à insister sur l'urgence des campagnes préventives, sur la nécessité de financer celles-ci dans le Sud et sur l'intensification des recherches pour mieux connaître l'histoire naturelle de la maladie, trouver un vaccin et rendre accessibles, à un prix abordable, les thérapies mises au point de façon à protéger en masse les populations touchées.

L'urbanisation : jusqu'où?

L'urbanisation constitue l'un des grands phénomènes du XXe siècle, avec des conséquences multiples sur la vie des populations et les infrastructures qu'elle implique (transports, hygiène, école, équipements culturels de masse...).

Le taux d'urbanisation a suivi une courbe d'accroissement d'abord très lent (phase A), puis très rapide (phase B), ensuite la croissance se ralentit (phase C), enfin elle se stabilise (phase D). En 2025, les Nations unies prévoient que le taux d'urbanisation pourrait concerner les trois quarts de la population des pays les plus avancés de la planète. On a pu classer les pays du monde selon la phase qu'ils connaissaient en 1990. Les pays industrialisés ont tous atteint la phase D, ainsi que l'Argentine, l'Uruguay et l'Afrique du Sud. La phase C caractérise les pays d'Amérique centrale et latine, toute la partie nord de l'Afrique ainsi qu'une partie de l'Afrique centrale, les pays du Moyen-Orient, l'Europe orientale et tous les pays issus de l'ex-URSS, la péninsule indienne et les pays du Sud-Est asiatique. Sont en phase B tout le reste de l'Afrique sub-saharienne, Madagascar, la Chine, le Népal, le Bangladesh. Enfin en sont toujours à la phase A quelques pays d'Afrique orientale (Burundi et Rwanda), le Laos, l'est de la Papouasie-Nouvelle-Guinée

Construction d'un réseau d'eau à Shanghai. Face à une urbanisation galopante, la Chine doit impérativement améliorer et adapter ses infrastructures.

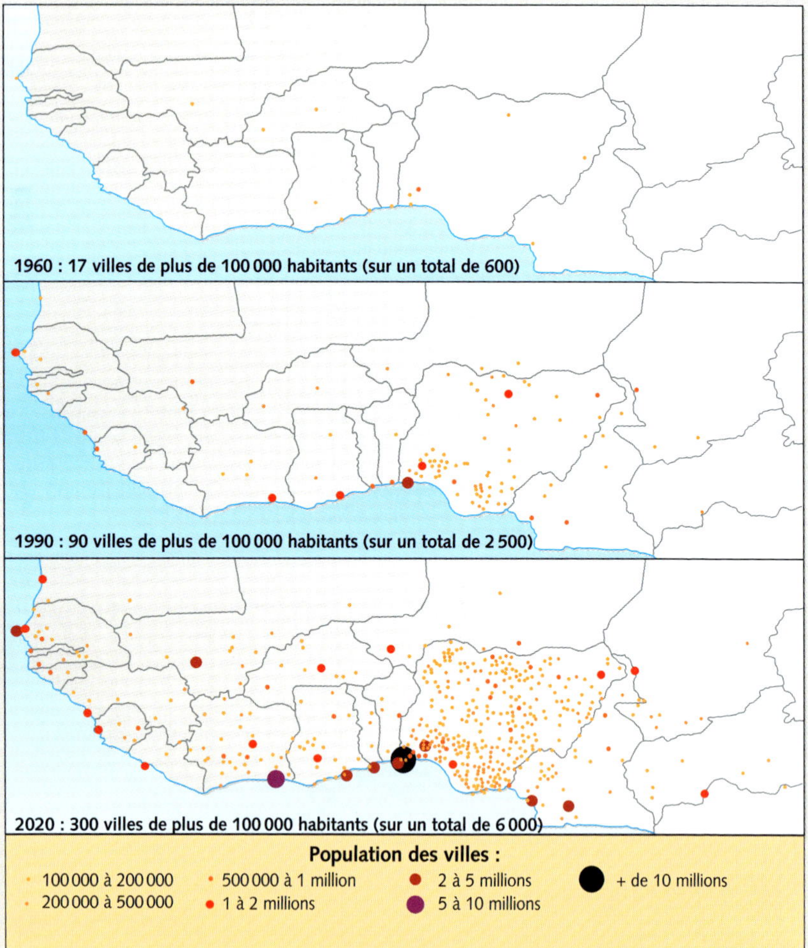

Source : *Crise et population en Afrique,* Jean Coussy et Jacques Vallin (dir.), Paris, Centre population et développement, Les Études du CEPED, n° 13, 1996.

Évolution du réseau des villes de plus de 100 000 habitants en Afrique de l'Ouest. À la veille des indépendances, en 1960, l'Afrique de l'Ouest comptait très peu de villes de plus de 100 000 habitants. D'ailleurs, les populations étaient peu nombreuses, et la densité, faible. Le réseau se densifie en 1990, notamment au Nigeria qui est de loin le plus grand pays de la région. Le grand mouvement vers l'urbanisation est en route, ce que montre la carte pour 2020.

en Indonésie. De grands accroissements urbains sont donc potentiellement à venir au XXIe siècle dans les régions des deux derniers groupes.
L'Afrique subsaharienne, vaste zone très pauvre, s'est engagée tardivement dans le processus de l'exode rural. Mais lorsque le mouvement a commencé, à partir du moment où les pays de cette région ont acquis leur indépendance (années 1960), il a été particulièrement rapide. La population des villes d'Afrique noire a presque décuplé en moins d'un demi-siècle, passant de 20 millions d'habitants en 1950 à 184 millions en 1995.

Urbanisation en Afrique subsaharienne, 1950-2025

	Pourcentage de la population vivant dans les zones urbaines (%)			
	1950	1975	1996	2025
Afrique subsaharienne	11	21	32	49
Afrique orientale	5	13	23	39
Afrique centrale	14	27	33	50
Afrique australe	38	44	48	62
Afrique occidentale	10	23	37	56

Mégapoles et bidonvilles

Un habitant sur trois vivait dans les villes africaines en 1996, contre un sur dix en 1950, soit une multiplication par trois. Cette proportion, en forte augmentation par rapport à 1950, reste cependant modérée si on la compare avec ce qui se passe dans le reste du monde : le pourcentage est semblable en Asie du Sud, mais il est nettement moins fort que dans le monde arabe (58 %) ou en Amérique latine (74 %). La moitié de la population subsaharienne pourrait vivre dans les villes en 2025, selon les projections des Nations unies. À l'époque coloniale, l'exode rural était interdit dans les régions orientale et australe. En 1950, 5 % de la population seulement vivait dans les villes en Afrique orientale. Les autochtones étaient maintenus à la campagne sur les exploitations agricoles. Seuls les Blancs habitaient en ville. Après l'indépendance, les villes ont commencé à attirer des paysans : le pourcentage est passé à 13 % en 1975 et à 23 % en 1996, ce qui reste cependant une proportion faible au regard du reste de l'Afrique.
Le niveau d'urbanisation était beaucoup plus important en Afrique australe, du fait du commerce, de l'exploitation des mines et de l'importance de la population blanche. Près de la moitié de la population était citadine en 1996 et deux habitants sur trois pourraient vivre en ville en 2025. En Afrique occidentale et centrale, même si les populations rurales pouvaient se déplacer librement, elles ne quittaient guère les campagnes et la proportion de population urbaine était faible, de l'ordre de 10 % en Afrique occidentale et de 14 % en Afrique centrale jusqu'aux années 1950. Dans les États de cette région, la croissance des villes s'est faite également au lendemain de l'indépendance et un habitant sur trois réside aujourd'hui dans une ville.

Carte *(pages suivantes)*

Dans les années à venir, plus de la moitié de la population mondiale vivra dans des zones urbaines. Cette très forte croissance des villes aura surtout lieu dans les pays en voie de développement.

La transition urbaine

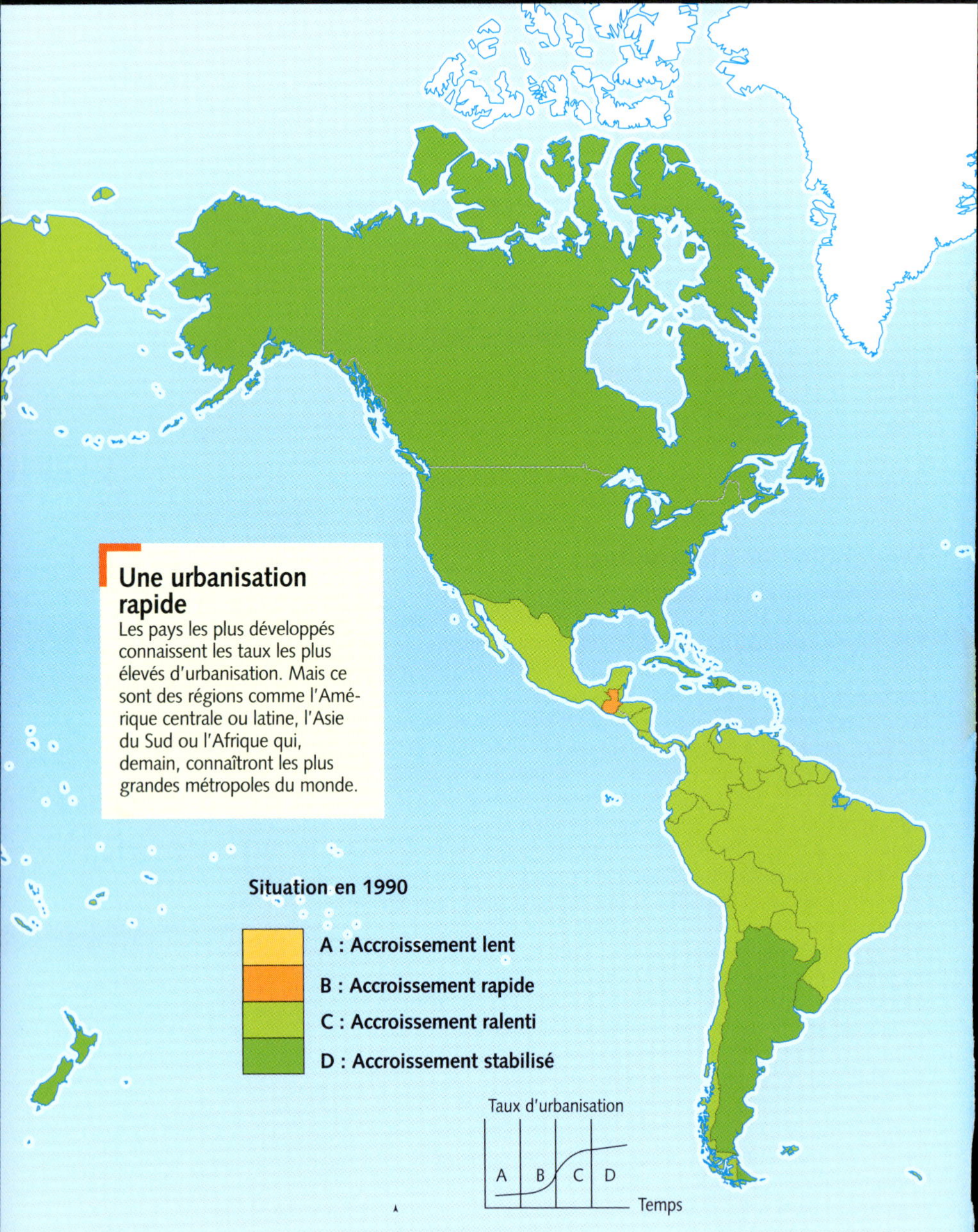

Une urbanisation rapide

Les pays les plus développés connaissent les taux les plus élevés d'urbanisation. Mais ce sont des régions comme l'Amérique centrale ou latine, l'Asie du Sud ou l'Afrique qui, demain, connaîtront les plus grandes métropoles du monde.

Source : *Crise et population en Afrique*, J. Coussy et J. Vallin (dir.), Paris, Centre population et développement, Les Études du CEPED, n° 13, 1996

L'impact des politiques volontaristes

Depuis le néolithique, les hommes ont cherché à vivre dans des villes mais l'accroissement de la population urbaine a connu de nombreux aléas : au Moyen Âge, l'urbanisation a régressé, de même qu'elle a été maintenue dans d'étroites limites dans des régimes autoritaires comme celui de la Chine dans les années 1950-1970. Aujourd'hui, on peut classer les pays selon leur degré d'avancement dans le processus général de transition urbaine. La carte est très parlante. Des pays autrefois colonisés (Afrique) et des régimes autoritaires (Chine) connaissent des taux d'urbanisation encore faibles en 1990, mais en croissance rapide (étape B).

La croissance extrême des villes africaines

Actuellement, les villes subsahariennes croissent au rythme de 5 % par an, soit un doublement de la population en 12-14 ans. En 2025, l'Afrique subsaharienne pourrait compter plus de 700 millions de citadins, soit la moitié de la population de la région. Une partie importante de la population urbaine peut se concentrer dans la capitale. Ainsi, Modagiscio concentre 40 % de la population urbaine de Somalie, et Maputo, 38 % de celle du Mozambique. Un cas extrême est illustré par Monrovia, qui rassemble neuf urbains sur dix au Liberia, de même que Conakry en Guinée. En revanche, au Nigeria et en Afrique du Sud, la répartition de la population urbaine est plus équilibrée : le premier pays compte au moins 6 villes de plus de 1 million d'habitants, le second en compte 8.

On peut remarquer que les pays maritimes sont plus urbanisés que les pays continentaux. La croissance des villes s'est faite grâce à un afflux permanent de populations d'origine rurale, mais aussi grâce à des taux de natalité qui restaient élevés en ville. La particularité de l'accroissement urbain en Afrique subsaharienne est qu'il s'est accompli sans développement industriel significatif. C'est le secteur de l'artisanat et des services (commerce, transports...) et surtout le secteur informel qui ont absorbé une partie de ces flux, mais une grande partie des nouveaux arrivants restaient sans emploi, et souvent sans habitat convenable. La crise économique, avec les plans d'ajustement structurel imposé par la Banque mondiale, a aggravé la situation de l'emploi en supprimant nombre de postes dans l'administration et dans les entreprises. En trente ans, des zones immenses d'habitat précaire se sont développées à Dakar, phénomène remarquable qui traduit la difficulté de ce pays pauvre à satisfaire les besoins les plus élémentaires de ces nouvelles populations. L'adduction d'eau, les égouts, les transports, les écoles, les soins de santé, l'énergie manquent dans ces bidonvilles qui ne cessent de

En Afrique noire, la population des villes a quasiment décuplé en moins de 50 ans, passant de 20 millions d'habitants en 1950 à 184 millions en 1995.

Favela au Brésil. En Amérique latine, l'afflux des populations rurales vers les villes (plus de 380 millions d'habitants) a provoqué d'immenses problèmes sociaux.

s'étendre. Mais les ruraux y trouvent sans doute quand même leur compte puisqu'ils continuent à quitter leur village natal. Cependant, on observe des mouvements de retour au village de citadins qui n'ont trouvé aucune solution pour assurer leur survie et celle de leur famille. L'Amérique latine est en passe de devenir un des continents les plus urbanisés de la planète. Dès 1950, la population urbaine était estimée à 41 %. Entre 1950 et 2000, cette population passait de 65 à 380 millions. Mais ce qui frappe peut-être le plus dans la région, c'est le gigantisme des mégapoles qui se sont développées. En 1950, on comptait une seule très grande ville, Buenos Aires, avec plus de 5 millions d'habitants : c'était alors la huitième ville du monde. En 1975, ce nombre passait à quatre et Mexico était déjà la plus grande ville du continent avec plus de 10 millions d'habitants. En 2000, sept villes comptaient plus de 5 millions d'habitants, Mexico tenant toujours le premier rang du continent et le deuxième de la planète avec 18 millions d'habitants (après Tokyo, 35 millions). En 2015, les Nations unies prévoient que l'Amérique latine comptera neuf villes de plus de 5 millions d'habitants (la première place sera toujours occupée par Mexico, suivie de près par São Paulo [21 et 20 millions d'habitants]), et cette population représentera 100 millions de personnes. L'Amérique latine possédera alors deux des plus grandes mégapoles du monde après Tokyo et Mumbai (Bombay) (36 et 23 millions d'habitants).

Le phénomène des villes moyennes latino-américaines

Toluca au Mexique, Valencia au Venezuela connaissent une croissance plus rapide que Mexico et Caracas. De même, le long de la frontière mexicaine, des villes comme Tijuana, Ciudad Juarez et Mexicali s'agrandissent plus vite que la capitale. Au Brésil, les villes de Belém, Belo Horizonte, Curitiba, Fortaleza, Porto Alegre ou Salvador de Bahia augmentent plus rapidement que São Paulo et Rio de Janeiro ne l'ont fait dans les années 1980.
L'explosion urbaine continue, mais trouve de nouveaux centres d'expansion.
Ces villes moyennes doivent leur croissance à la fois à un solde naturel positif, à la poursuite de l'exode rural, mais aussi à une migration en provenance des plus grandes métropoles, signifiant peut-être à un horizon plus lointain un rééquilibrage du peuplement.

La révolution grise

Un phénomène est en passe de bouleverser le monde, en particulier le monde développé : il a pour nom l'explosion du troisième et du quatrième âges.

Si la population mondiale se stabilise autour de 9-10 milliards d'habitants, la composition de la population aura alors beaucoup changé : c'est une révolution qui se prépare et qu'anticipent les vieux pays industrialisés. L'âge médian de la population mondiale (cet âge divise en deux parties égales la population) était de 23,6 ans en 1950 ; il s'élève à 26,4 ans en 2000 et atteindra 36,8 ans en 2050. Les enfants et les jeunes sont remplacés par des adultes et surtout des personnes âgées. On voit que le processus à l'échelle mondiale a été lent au XXe siècle, mais qu'il s'accélère au XXIe siècle. La proportion des personnes de moins de 15 ans était de 34 % en 1950, de 30 % en 2000 et elle baissera encore pour atteindre 20 % en 2050 : la perte aura été de 10 points en cinquante ans. Parallèlement, le pourcentage des personnes de 60 ans et plus doublera entre 2000 et 2050, passant de 10 % à 21 %. En 2000, dans les pays riches, la proportion des personnes âgées dépassait celle des jeunes (19 % contre 18 %) ; en 2050, elle atteindra le double de la proportion des jeunes (32 % contre 16 %). Les pays en développement n'ont guère connu ce processus au XXe siècle, mais ce dernier va s'accentuer au fur et à mesure que la fécondité va baisser. En 2000, la proportion

Vieillards chinois. En 2050, la Chine devrait compter près de 420 millions de personnes de plus de 60 ans, au lieu de 130 millions aujourd'hui.

Les années d'après-guerre ont connu une natalité exceptionnellement forte dans les pays industrialisés. Mais on assiste à un renversement de situation marqué par une baisse de la fécondité de la génération suivante.

des jeunes est de 33 %, tandis que les individus âgés représentent 8 % de la population. En 2050, la proportion de ces derniers atteindra 20 % et la proportion des jeunes sera alors de 21 %. En chiffres absolus, ce vieillissement va se traduire par une augmentation considérable des nombres de personnes âgées : 606 millions en 2000, 1,9 milliard en 2050, dont la majorité vivra dans les pays actuellement peu développés (1,5 milliard) : un véritable défi que devront relever des pays largement dépourvus de systèmes de protection sociale. La Chine devrait compter en 2050 près de 420 millions de personnes âgées de 60 ans et plus, au lieu de 130 millions aujourd'hui, et l'Inde, 308 millions au lieu de 76 millions. Le Japon est aujourd'hui le pays qui a le plus vieilli (âge médian de 41,3 ans), suivi par l'Italie, la Suisse, l'Allemagne et la Suède. En 2050, le Japon gardera toujours la première place (âge médian de 53,2 ans). Des pays comme l'Arménie, la République tchèque, l'Estonie, la Grèce, l'Italie, la Lettonie, Singapour, la Slovénie et l'Espagne suivront de près avec un âge médian de 51 ans. Le nombre de centenaires va lui-même croître de façon impressionnante, il sera multiplié par vingt d'ici cinquante ans, passant de 167 000 en 2000 à 3,3 millions en 2050. On se rend compte à lire ces chiffres le problème de l'accueil de ces personnes très âgées en termes financiers, de structures d'accueil adaptées, de personnels compétents... La tâche à accomplir est immense, mais l'humanité dispose d'un peu de temps pour y faire face.

Le boom du quatrième âge

La population âgée va elle-même comprendre de plus en plus de personnes très âgées, résultat des progrès de la survie aux âges élevés. Le quatrième âge (80 ans et plus) rassemblera 377 millions de personnes en 2050, au lieu de 69 millions aujourd'hui. C'est le groupe qui augmente le plus vite dans la population mondiale. En 2050, 21 pays comprendront plus d'une personne sur dix de 80 ans et plus : il s'agit de pays européens mais aussi du Japon, de la Corée du Sud, de Singapour, de Macao, de Hongkong, de Cuba, de la Guadeloupe... La Chine comprendra près de 100 millions de personnes âgées de 80 ans et plus.

Les terres inconnues de l'après-transition

Au-delà de quelques certitudes sur les quatre décennies à venir, d'immenses interrogations demeurent. La fécondité des pays européens va-t-elle continuer de baisser? De nouvelles maladies vont-elles faire des ravages?

Les perspectives fondées sur la théorie de la transition démographique offrent une vision de l'avenir dont certains éléments sont solides : l'accroissement démographique va se poursuivre au XXIe siècle du fait du potentiel accumulé depuis quatre décennies; la Terre comptera aux alentours de 9 milliards d'hommes lorsque la population se stabilisera; le continent africain va monter en puissance et atteindra près de 2 milliards d'habitants; la charge la plus lourde pèsera sur les pays les plus pauvres ; tous les pays du monde connaîtront un vieillissement de leur population...
Au-delà de ces quasi-certitudes, il existe en fait de grands points d'interrogation liés à notre méconnaissance totale de ce qui se passera après la transition : les démographes ne disposent pas de modèles à proposer sur la période qui suivra.

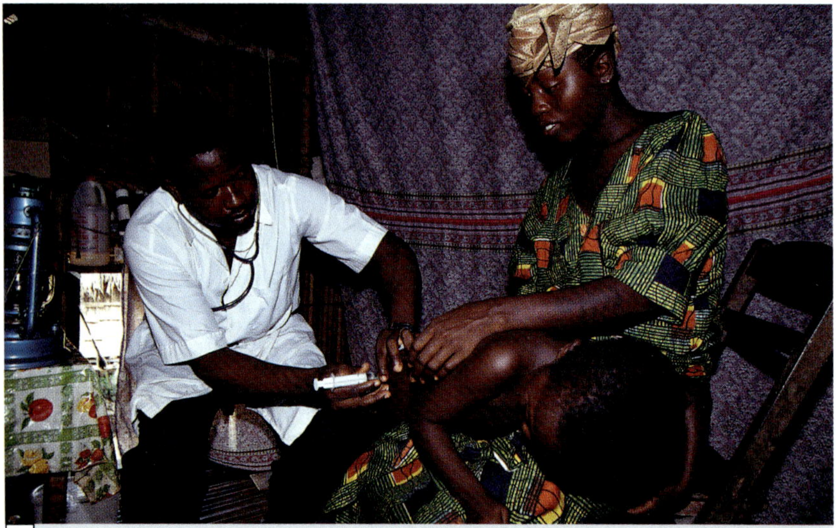

Dispensaire de brousse au Bénin. Les conditions géographiques, économiques et sociales l'obligent à adapter les méthodes occidentales à une médecine de soins mais aussi préventive.

Une question majeure se pose pourtant dès aujourd'hui. Certains pays du sud et de l'est de l'Europe connaissent durablement des taux de fécondité inférieurs au niveau de remplacement (un peu plus de 2 enfants par femme) : jusqu'où iront-ils dans cette baisse du taux de fécondité ? Leur population va-t-elle diminuer ? Les sociétés concernées vont-elles réagir et comment ? On est en pleine *terra incognita*.

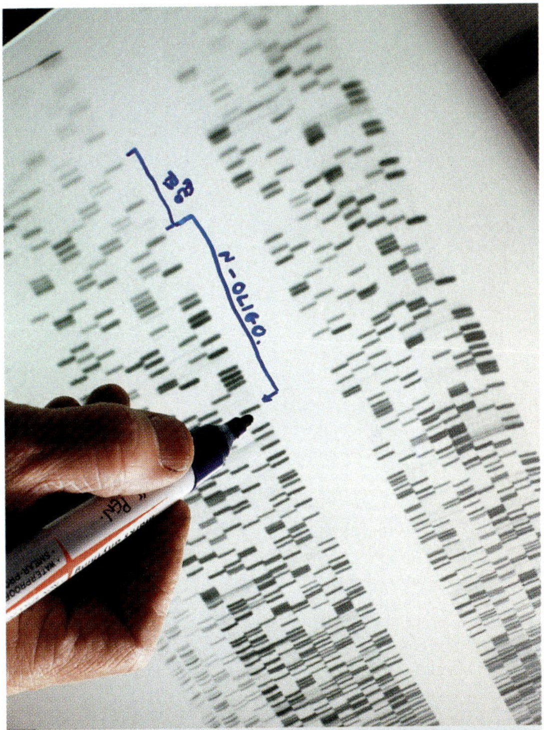

L'étude du génome aide à approfondir la connaissance du fonctionnement biologique des humains et d'autres organismes afin d'élaborer des traitements plus efficaces.

Un environnement modifié

Du côté de la mortalité, il en est de même, avec la réémergence de maladies anciennes (tuberculose, paludisme...) ou de maladies virales nouvelles, comme le sida. L'homme a modifié son environnement, il s'est doté de moyens thérapeutiques puissants pour lutter contre les terribles maladies infectieuses et parasitaires qui le terrassaient par le passé. Cependant, sa dépendance envers ces vaccins et médicaments qu'il a produits peut le rendre dans certains cas plus fragile (cas des antibiotiques). D'un autre côté, les progrès des biotechnologies, la découverte progressive du génome humain ouvre des perspectives inouïes : l'humanité est peut-être à la veille de grandes découvertes concernant les mécanismes du vieillissement.

LEXIQUE

[Le génome]
Le génome désigne l'ensemble de l'information héréditaire d'un organisme. Le génome d'une bactérie contient quelques milliers d'informations (bases), celui d'un être humain, environ trois milliards.

L'avenir reste ouvert

Dans ce cas, tous les systèmes démographiques connus jusqu'à présent seraient complètement remis en cause, notamment le cycle de la vie et la succession des générations. Il est toujours difficile, lorsque s'on se projette dans l'avenir, de faire abstraction des contraintes et des systèmes existants : pas plus que les autres scientifiques, les démographes n'échappent à la règle. L'avenir reste donc ouvert.

Explosion démographique et alimentation

Une question reste vitale et cruciale pour l'avenir de l'humanité : le volume des denrées alimentaires sera-t-il suffisant pour nourrir les 3 milliards d'hommes supplémentaires prévus à l'horizon 2050 ? On se situe là à la croisée de la démographie et de l'économie.

Aujourd'hui, des hommes par centaines de millions souffrent non seulement de sous-alimentation, mais peuvent également mourir de famine. Des spécialistes, nutritionnistes, agronomes, démographes ou économistes, se penchent régulièrement sur la question depuis les années 1950, notamment pour éclairer la FAO (Organisation des Nations unies pour l'alimentation et l'agriculture), mais surtout pour envisager ce que demain nous réserve.

L'aide internationale à l'agriculture en baisse

Le volume de l'aide publique au développement destinée à l'agriculture est tombé de 4,9 milliards de dollars à 2,5 milliards entre 1988 et 1999. La part de l'agriculture dans les prêts des banques de développement multilatéral a également baissé. La part des prêts de la Banque mondiale en faveur de l'agriculture, qui représentait, il y a vingt ans, environ 25 % du total de ses prêts, était tombée en 2000 à environ 7 %, soit quelque 1,1 milliard de dollars. Les prêts à l'agriculture accordés par les banques régionales de développement ont aussi beaucoup diminué.

Source :
Fonds international de développement agricole

Les hommes mangeront-ils à leur faim en 2050 ?

Pour mieux cerner l'avenir, il faut d'abord examiner la situation actuelle en comparant les disponibilités alimentaires et les besoins nutritionnels de la population. Nous nous appuierons ici sur les calculs faits en 1996 par un ingénieur agronome de l'Ined, Philippe Collomb. La FAO a estimé les disponibilités alimentaires en 1992 à 2 718 kilocalories par personne et par jour (en excluant les produits destinés à l'alimentation du bétail). Les besoins nutritionnels définis par les nutritionnistes varient selon le sexe, l'âge, la taille, le

Production et rendement de riz en 2002

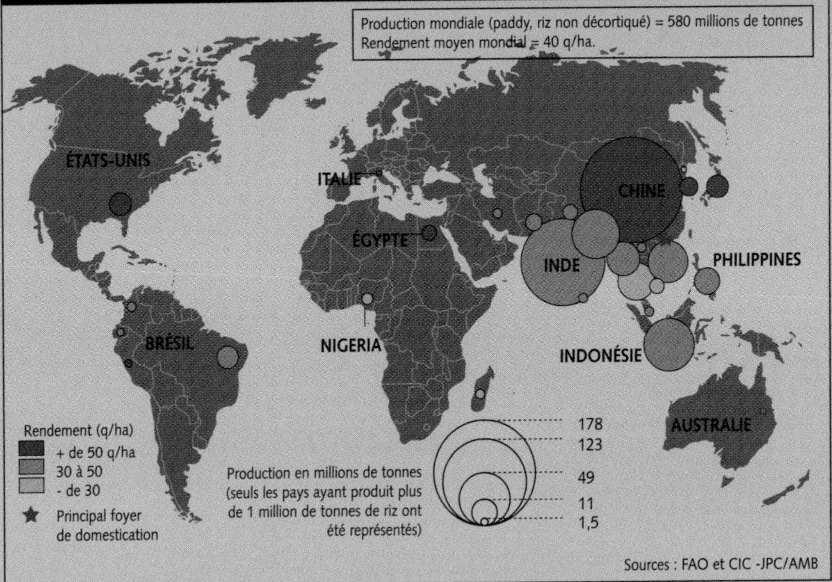

Le riz nourrit près de la moitié de l'humanité. Les neuf dixièmes des récoltes de riz proviennent de l'Asie des moussons où sa culture, qui compose des paysages originaux, fait vivre de très nombreuses populations. La grande souplesse de culture de cette céréale et le développement des techniques agricoles expliquent que les hommes soient parvenus à cultiver le riz dans des milieux très divers.

poids, l'activité physique, etc. Ces besoins sont évalués par exemple à 2 400 kcal pour les populations nord-américaines et à 2 150 kcal pour les populations africaines.

Globalement, la situation a évolué depuis les années 1960, puisque le taux de couverture alimentaire est passé de 1,05 en 1962 à 1,12 en 1970 et à 1,23 en 1990. Les populations productrices de riz ont nettement amélioré leurs performances, ce qui n'est pas vrai pour celles qui se nourrissent surtout de racines ou de tubercules. C'est le développement économique, en particulier le développement rural, qui explique cette amélioration (révolution verte en Inde et ailleurs, aménagement hydraulique, régulation des marchés, conservation des stocks...). Les pays les plus riches ont ainsi pu importer les denrées qui leur manquaient.

Cependant, la situation actuelle est très contrastée selon les continents. Le taux de couverture est en moyenne de 1,08 pour le continent africain. Mais si les pays du nord de l'Afrique ont les moyens financiers de faire venir des céréales en masse, ce n'est pas le cas des pays situés au sud du Sahara dont les populations vivent de mil, de sorgho et de millet : le déficit est chronique. De même, là où les habitants se nourrissent de taros, d'ignames ou de manioc, la famine est endémique, faute de ressources pour importer des céréales.

Le sommet du Millénaire

En septembre 2000, les dirigeants mondiaux réunis au sommet du Millénaire ont souscrit l'engagement de « diminuer de moitié, d'ici à 2015, la proportion de ceux qui vivent avec moins de un dollar par jour et de ceux qui souffrent de la faim ». Or, la faiblesse de la consommation n'est pas le seul aspect de la pauvreté. Celle-ci en a bien d'autres, par exemple la malnutrition, l'analphabétisme, la courte espérance de vie, l'insécurité, l'impuissance et le manque d'estime de soi.
Conscients de cet aspect pluridimensionnel de la pauvreté, les États membres des Nations unies ont choisi, dans la déclaration qu'ils ont adoptée au sommet du Millénaire une approche visant des domaines multiples, notamment le développement, l'éducation et la santé, et dont le but ultime est la réduction de la pauvreté. La réalisation des objectifs du Millénaire exige une croissance économique plus rapide et reposant sur une large base. Au cours des dix dernières années, la réduction de la pauvreté a progressé à un rythme très inférieur à celui des deux décennies précédentes; il a été en fait trois fois moins rapide que celui qu'il aurait fallu atteindre pour réussir à diminuer la pauvreté extrême de moitié dans le monde d'ici à 2015, et jusqu'à six fois moins en Afrique subsaharienne.

Source:
Fonds international de développement agricole

Comment évaluer les besoins nutritionnels en 2050 ?

Les besoins futurs dépendent d'abord du volume de la population mondiale. Le passage de 5,7 milliards en 1995 à 9,8 milliards en 2050 (il s'agit ici de l'hypothèse moyenne faite par les Nations unies en 1994) représenterait une augmentation globale de 72 %, soit 2 % pour les pays développés et 174 % pour les pays en développement. Mais d'autres facteurs vont jouer, comme la proportion des jeunes et des personnes âgées, la taille moyenne des individus, l'urbanisation, l'évolution de la fécondité. Il faudra plus de nourriture pour les populations jeunes d'Afrique et moins d'aliments pour les populations vieillissantes d'Europe, du Japon et d'Amérique du Nord.

L'augmentation de la taille moyenne des individus engendrera une demande croissante de nourriture : les individus plus grands ont des besoins plus importants que des personnes de petite taille. L'influence de l'alimentation sur la croissance est un fait connu : la taille des Chinois a significativement augmenté depuis quelques décennies. À l'échelle mondiale, cet accroissement pourrait atteindre 1 cm par décennie. En revanche, l'urbanisation (qui suppose aussi le changement d'activité) et la fécondité (les femmes non enceintes ont des besoins inférieurs aux femmes enceintes) jouent en sens inverse, et vont faire baisser les besoins moyens.

Ainsi, de 1995 à 2050, les besoins de la population mondiale augmenteraient de 75 %, avec de fortes variations régionales : 60 % pour les pays consommateurs de riz, 250 % pour les pays d'Afrique subsaharienne.

Il faut également tenir compte d'un facteur supplémentaire fondamental : la diversification des régimes alimentaires. À partir du moment où elles ont inventé l'agriculture et l'élevage, les populations humaines ont recouru massivement aux céréales, aux racines et tubercules, à un point tel qu'elles ont pu devenir tributaires d'une mauvaise récolte, comme ce fut le cas lors de la famine en Irlande en 1845-1846, due à une maladie de la pomme de terre. À mesure que les pays sont entrés dans la révolution industrielle, leurs populations se sont mises à consommer plus de viande, très riche en calories. Si cette évolution se poursuivait au XXIe siècle pour toutes les populations du monde, elle engendrerait des besoins supplémentaires en produits végétaux.

En tenant compte de ce dernier facteur, c'est finalement une augmentation de 125 % des ressources d'origine végétale qu'il faut prévoir pour subvenir aux besoins de la population en 2050 : 2 % pour les pays riches, 92 % pour l'Amérique latine, 134 % pour l'Asie et 414 % pour l'Afrique. Cette augmentation signifie un taux de croissance de la production agricole dépassant 3 % pour l'Afrique, et inférieur à 2 % pour le reste du monde.

La production agricole va-t-elle suivre ?

De telles performances ne sont pas inimaginables puisque le taux de croissance de la production agricole de l'Asie de l'Est entre 1975 et 1990 a dépassé 4 %. La recherche de variétés céréalières plus productives et de rendements plus réguliers s'intensifie et fait l'objet de débats parfois violents entre agriculteurs, biologistes et hommes politiques. Les recherches ont porté sur le blé, le riz, le maïs ; il serait souhaitable qu'elles portent également sur les tubercules et les racines.

L'interrogation la plus forte porte sur le continent africain, qui part avec de lourds handicaps : pauvreté, déficit d'infrastructures, pénuries locales d'hommes en bonne santé du fait du sida.

La décision qu'a prise, le 25 septembre 2003, le président du Brésil Lula da Silva de légaliser provisoirement la vente de soja génétiquement modifié pour la récolte 2004 est très symbolique des enjeux formidables que représentent les OGM pour l'agriculture, la santé et l'environnement. Cette décision a été applaudie par beaucoup d'agriculteurs et critiquée par ceux d'entre eux qui partagent les vues des écologistes (*le Monde*, 25 novembre 2003).

Ces calculs ont été faits en 1996. Depuis, les Nations unies ont révisé à la baisse leurs prévisions à l'horizon 2050 : dans l'hypothèse moyenne, ce ne sont plus 9,8 milliards d'habitants qui sont attendus, mais près d'un milliard de moins (8,919), desserrant d'autant la contrainte pesant sur la production agricole. Alors, les hommes mangeront-ils à leur faim d'ici cinquante ans ? C'est une possibilité, mais aux conditions suivantes : que les recherches s'intéressent aux aliments dont la demande augmente le plus fortement ; que l'accès à la nourriture soit possible pour tous (ce qui est loin d'être le cas) ; et enfin, que les arbitrages nationaux et internationaux soient favorables aux paysans pauvres, producteurs des ressources alimentaires.

Tableau *(pages suivantes)*

De l'Europe des 15 à l'Europe des 25.
Avec l'arrivée de 10 nouveaux pays, l'Union européenne a vu sa population croître de 74 millions d'habitants, passant de 386 à 460 millions d'habitants. Le paysage démographique de l'Union ne s'en est pas trouvé pour autant radicalement changé, même si le solde naturel négatif et l'espérance de vie plus basse ont eu pour effet de diminuer légèrement le rythme d'accroissement annuel, l'espérance de vie et le nombre moyen d'enfants par femme.

Pour en savoir plus

Pays	Population mi-2025 (en millions)	Taux de natalité (pour mille)*	Taux de mortalité (pour mille)*
Europe des 15			
Allemagne	82,5	9	10
Autriche	8,2	10	9
Belgique	10,5	11	10
Danemark	5,4	12	10
Espagne	43,5	11	9
Finlande	5,2	11	9
France	60,7	13	8
Grande-Bretagne	60,1	12	10
Grèce	11,1	9	10
Irlande	4,1	16	7
Italie	58,7	9	10
Luxembourg	0,46	12	8
Pays-Bas	16,3	12	8
Portugal	10,6	11	10
Suède	9,0	11	10
Total 15	**386,3**		
Nouveaux États membres			
Chypre	0,97	11	7
Estonie	1,3	10	13
Hongrie	10,1	9	13
Lettonie	2,3	9	14
Lituanie	3,4	9	12
Malte	0,41	10	8
Pologne	38,2	9	10
République tchèque	10,2	10	11
Slovaquie	5,4	10	10
Slovénie	2,0	9	10
Total 10*	**74,3**		
Total 25*	**460,6**		

* en 2005

Taux d'accroissement naturel (%)*	Taux de mortalité infantile (pour mille naissances)*	Indice de fécondité (pour une femme)*	Espérance de vie à la naissance (hom./fem. en années)*
-0,1	4	1,3	76/81
0,1	5	1,4	76/82
0,1	4	1,6	76/81
0,2	4	1,8	75/79
0,2	4	1,3	77/84
0,2	3	1,8	75/82
0,5	4	1,9	77/84
0,2	5	1,7	76/81
-0,1	5	1,3	76/81
0,9	5	2	75/80
-0,1	5	1,3	77/83
0,4	4	1,6	75/82
0,4	4	1,7	76/81
0,1	4	1,4	74/81
0,1	3	1,7	78/83
0,4	6	1,6	75/79
-0,3	7	1,5	66/77
-0,4	7	1,3	66/77
-0,5	9	1,3	66/77
-0,3	8	1,3	66/78
0,2	7	1,5	76/80
-0,1	7	1,2	71/79
-0,1	4	1,2	72/79
0	8	1,2	70/78
-0,1	4	1,2	73/81

Lexique

[Cohorte (ou promotion)]
Ensemble des personnes ayant connu un même événement la même année.

[Démographie]
Science ayant pour objet l'étude des populations humaines, principalement sous l'angle quantitatif. Le mot a été inventé par Achille Guillard en 1855 *(Eléments de statistique humaine ou démographie comparée).*

[Densité]
Nombre d'habitants au kilomètre carré.

[Enquête]
Opération qui permet, sur un échantillon représentatif de la population, de donner des indications pertinentes sur un sujet particulier (fécondité, mortalité selon le groupe social, santé, pratiques de la contraception, vie conjugale...).

[Espérance de vie à la naissance]
Durée moyenne de vie pour une génération. Se calcule à partir d'une table de mortalité.

[Espérance de vie sans incapacité]
Durée moyenne de vie pour un groupe d'individus sans handicap majeur ou léger. Autrement dit, espérance de vie en (bonne) santé.

[État civil]
Système qui permet de recueillir au jour le jour les décès, naissances, mariages dans une population. N'existe pas partout dans le monde.

[Fécondité (en anglais « fertility »)]
Naissances rapportées aux femmes en âge de procréer. Les taux de fécondité se calculent chaque année en rapportant les naissances classées selon l'âge des mères aux effectifs moyens des femmes du même âge.

[Fertilité (en anglais « fecundity »)]
À ne pas confondre avec fécondité ; se dit de la capacité d'une femme (ou d'un homme) à procréer. S'oppose à stérilité.

[Génération]
Ensemble des personnes nées la même année de calendrier.

[Longévité]
Nombre d'années que peut vivre au maximum un membre de l'espèce humaine. Actuellement, de l'ordre de 120 ans.

[Maladie émergente]
Se dit d'une maladie qui était inconnue auparavant, soit que les scientifiques n'aient pas eu le moyen de la constater, soit qu'une circonstance ait permis son apparition (mutation d'un virus, transmission d'un animal à l'homme...). Le sida est une maladie émergente du xxe siècle.

[Malthusianisme]
Politique de population visant à limiter l'accroissement d'une population, soit par des moyens « vertueux » comme le préconisait Malthus, soit par la contraception et l'avortement (néo-malthusianisme)

[Migration]
Concerne tout déplacement d'un individu d'un endroit à un autre. On distingue les migrations internes (à l'intérieur d'un pays) et les migrations internationales (qui supposent le passage d'une frontière).

[Mortalité infantile]
Rapport une année donnée entre les décès survenus à moins d'un an et les naissances.
Critère important de développement sanitaire.

[Perspectives]
Calculs faits à partir d'hypothèses de fécondité, de mortalité et de migrations pour indiquer le futur possible de la population d'une région, d'un pays ou du monde à un horizon déterminé.
De tels calculs se font également sur des populations professionnelles.

[Peuplement]
Notion qui se réfère à l'occupation, plus ou moins dense et progressive, d'un territoire (ainsi, les vallées sont plus densément peuplées que les plateaux, les régions côtières de la Chine plus que les zones montagneuses ; le peuplement du Canada français s'est fait très progressivement au XVIIe siècle, etc.).

[Politiques de population]
Mesures ayant pour objectif de modifier ou d'accompagner certains comportements relatifs à la fécondité, à la santé, aux migrations, à la répartition du peuplement.

[Populationnisme]
Toute politique de population visant l'accroissement de la population d'un pays, d'une région. S'oppose au malthusianisme.

[Prévalence]
Fréquence dans une population d'une maladie déterminée. Se calcule en rapportant à la population recensée un jour *j* le nombre de malades pendant une journée.

[Pyramide des âges]
Représentation graphique permettant de visualiser la répartition des hommes et des femmes selon l'âge.

[Recensement]
Opération effectuée afin d'établir le chiffre de la population à un moment donné (le dernier recensement en Chine a eu lieu en novembre 2000).

[Reproduction]
Notion qui se réfère à la capacité d'une population (les femmes étant prises comme référence) à se renouveler.
En l'état actuel de la mortalité, il faudrait 2,1 enfants par femme pour que les femmes des pays industrialisés se reproduisent à l'identique, c'est-à-dire qu'elles mettent au monde une fille.

[Sex ratio]
Nombre d'hommes pour 100 femmes.

[Solde « naturel »]
Se dit de la différence entre les naissances et les décès.
Ce solde peut être positif ou négatif.

[Solde migratoire]
Se dit de la différence entre les entrées et les sorties d'un territoire. Ce solde peut être positif ou négatif.

[Surmortalité]
Se dit de toute mortalité qui dépasse une norme.
La Russie connaît une surmortalité par rapport à l'Europe occidentale, les hommes par rapport aux femmes (sauf exception).

[Table de mortalité]
Table calculée à partir des décès et de la population afin de décrire à chaque âge de la vie les risques de mortalité et de survie.

[Taux brut de mortalité]
Nombre annuel de décès rapporté à mille habitants.

[Taux brut de natalité]
Nombre annuel de naissances rapporté à mille habitants.

[Taux d'accroissement annuel moyen]
Augmentation (en %) de la population entre deux premiers janviers.

[Taux d'urbanisation]
Proportion de personnes vivant dans les villes. La définition des « villes » varie beaucoup selon les pays.

[Transition démographique]
Théorie qui explique le processus permettant aux populations humaines de passer d'un régime de forte fécondité et de forte mortalité à un régime de faible fécondité et de faible mortalité. Il n'existe pas de modèle unique de transition démographique.

[Transition sanitaire]
Processus qui rend compte du passage d'une mortalité provoquée par les maladies infectieuses à une mortalité marquée par les maladies chroniques et dégénératives (de type cancers et maladies cardio-vasculaires).

[Vieillissement démographique]
Augmentation dans la population de la proportion des personnes ayant plus d'un certain âge (60 ans, 80 ans...). À bien distinguer du vieillissement biologique. Notion à discuter sur le plan historique.

Adresses utiles

INED (Institut national d'études démographiques)
133, boulevard Davout
75020 Paris
Tél. : 01 56 06 20 00
Fax : 01 56 06 21 99
Site web : www.ined.fr

INSEE (Institut national de statistiques et des études économiques)
INSEE Info Service à Paris
195, rue de Bercy
Tour Gamma A
75 582 Paris cedex 12
Tél. : 08 25 88 94 52
Fax : 01 53 17 88 09
Site web : www.insee.fr

IRD (Institut recherche et développement)
213, rue La Fayette
75480 Paris cedex 10
Tél. : 01 48 03 77 77
Fax : 01 48 03 08 29
Site web : www.ird.fr

CEPED (Centre d'études population et développement)
Campus du Jardin tropical de Paris
Pavillon Indochine
45 bis, avenue de la Belle-Gabrielle
94130 Nogent-sur-Marne
Tél. : 01 43 94 72 89
Site web : www.ceped.cirad.fr

Équilibres et populations
205, boulevard Saint-Germain
75007 Paris
Tél. : 01 53 63 80 40
Fax. : 01 53 63 80 50
Site web : www.equipop.org

Autres sites Internet :

Nations unies, Division population : esa.un.org/unpp/

Population Reference Bureau : www.prb.org

Population Data : www.populationdata.net

US Census Bureau : www.census.gov

FNUAP (Fonds des Nations unies pour la population) : www.unfpa.org

Union internationale pour l'étude scientifique de la population : www.iussp.org

Bibliographie

Bardet Jean-Pierre et **Dupâquier Jacques,** [dir.], *Histoire des populations de l'Europe,* 3 volumes, Paris, Fayard, 1997.

Blum Alain, *Naître, vivre et mourir en URSS, 1917-1991*, Paris, Plon, 1994.

Chasteland Jean-Claude et **Chesnais Jean-Claude** [dir.], *la Population du monde. Géants démographiques et défis internationaux*, INED, 2003.

Collomb Philippe, l'Alimentation de la population mondiale en 2050, *Population et sociétés,* avril 1996.

Cosio-Zavala Maria-Eugenia, *Changements démographiques en Amérique latine*, AUPELF-UREF, Éditions Estem, Paris, 1998.

Coussy Jean, Vallin Jacques, *Crise et population en Afrique*, Les Études du Ceped, n° 13, 1996.

Fang Cai, « Les migrations internes en Chine : mains "invisibles" et "pieds visibles" », in *la Chine au seuil du XXIe siècle. Questions de population, questions de société,* Isabelle Attané, dir., Paris, Ined, 2002.

Hertrich Véronique, *Permanences et changements de l'Afrique rurale : dynamiques familiales chez les Bwa du Mali,* Paris, Ceped, 1996.

Gérard Hubert et **Piché Victor,** *la Sociologie des populations,* Montréal, Les presses de l'Université de Montréal, AUPELF/UREF, 1995.

Livi Bacci Massimo, *la population dans l'histoire de l'Europe,* Seuil, 1999.

Masuy Stroobant [coll.], *Santé et mortalité des enfants en Europe. Inégalités d'hier et d'aujourd'hui,* Chaire Quételet, Academia Bruylant, L'Harmattan, 1996.

Meslé France et **Vallin Jacques,** [dir.], *Mortalité et causes de décès en Ukraine au XXe siècle,* Ined, 2003.

Mesnard Alice, *Migrations internationales, accumulation d'épargne et retour des travailleurs*, thèse de doctorat, EHESS, 1999.

Ministère de la Recherche *Recherche et Environnement, Thèmes prioritaires et thèmes émergents*, Présentation, Résumé, 2000.

National Geographic, *Population,* October 1998.

Noin Daniel, *la Population de l'Afrique subsaharienne*, Éditions Unesco, 1999.

Rollet Catherine, *Introduction à la démographie*, Paris, Nathan, 1995, rééd. 2003.

Rowland Donald T., *Demographic Methods and Concepts,* Oxford University Press, 2003

Satia J.-K., Jejeebhoy Shireen J., *The Demographic Challenge. A Study of Four Large Indian States*, Oxford University Press, 1991.

Sathar Zebaz Ayesha et
Philipps James E., *Fertility transition in South Asia,* Oxford University Press, 2001.

Sauvy Alfred,
Les Limites de la vie humaine, Hachette, 1961.

Tabutin Dominique, Gourbin Catherine, Masuy-Stroobant Godelieve et **Schoumaker Bruno,** éd.,
Théories, paradigmes et courants explicatifs en démographie, Chaire Quételet, 1997, Louvain-La-Neuve, Academia-Bruylant, L'Harmattan, 1999.

Thumerelle Pierre-Jean,
les Populations du monde,
Nathan Université, 1996.

United Nations,
Replacement Migration : is it a Solution to Declining and Aging Population ? 2001.
2002 Revision : www.unpopulation.org.

United Nations,
World Population to 2300, 2004.

Vallin Jacques, Meslé France,
Tables de mortalité françaises pour les XIXe et XXe siècles et projections pour le XXIe siècle, INED, n° 4, 2001.

Vallin Jacques,
la Population mondiale, Repères, La Découverte, 1992.

Revues :
Annales de démographie historique (France)
Demography (États-Unis)
Genus (Italie)
Population Bulletin, Population Reference Bureau (États-Unis)
Population Today, Population Reference Bureau (États-Unis)
Population Studies (Grande-Bretagne)
Population et sociétés, INED (France)
Population, INED (France)
Population and Development Review (États-Unis)
Revue européenne des migrations internationales (France)

Index

Les pages en **gras** présentent le thème de façon significative.

Crédits des illustrations

Photographies

Couverture © Pascal Maitre/Cosmos – © Mark Leong/Redux-Rea ;
Page 1 © B. Glinn/Magnum ; Page 3 © L. Manning/Corbis © P. Henley/Cosmos ;
4-5 © P. Bialobrzeski/Rea ; 6 © K. Dannemiller/Saba/Rea ; 8-9 © SPL/Cosmos ;
11 © A. Gesgon/CIRIP ; 12 © M. Henley/Cosmos, 14 © J. Vink/ Magnum ; 15 © SPL/Cosmos ;
18 © P. Bessard/Rea ; 20 © Abbas/Magnum ; 23 © Bettmann/Corbis ; 26-27 © P. Hahn/Laif/Rea ;
28 © Christophe L ; 31 © Corbis ; 32 © Bettmann/Corbis ; 34 © D. Butow/Rea ;
36 © Archives Larbor ; 37 © Archives Larbor ; 38 © P. Henley/Cosmos ; 39 © A. Gesgon/Cirip ;
40 © P. Zachmann/Magnum ; 42 © L. Manning/Corbis ; 43 © Bettmann/Corbis ;
46-47 © Tompkinson/SPL/Cosmos ; 49 © AKG ; 52 © Archives Larbor ; 54 © P.G./Magnum ;
55 © T. Brain/SPL/Cosmos ; 57 © Kulish/Rea ; 59 © M. Fourmy/Rea ; 60 © Ikeda/Sipa ;
61 © P. Almasy/Corbis ; 62-63 © S. Franklin/Magnum ; 65 © Bettmann/Corbis ;
69 © H. Kerherve/Cosmos ; 71 © Abbas/Magnum ; 76 © Bettmann/Corbis ; 77 © Corbis ;
78 © Abbas/Magnum ; 80-81 © S. Andras/rea ; 83 © Bettmann/Corbis ;
86 © A. Webb/Magnum ; 88 © D. Ridley/Cosmos ; 90 © M. Nascimento/Rea ;
92 © T. Hoepker/Magnum ; 94-95 © Tompinkson/SPL/Cosmos ; 96 © A. Webb/Magnum ;
100 © F. Perri/Cosmos ; 102 © F. Zizola/Magnum ; 103 © P. Henley/Cosmos ;
108 © R. Depardon/Magnum ; 109 © Abbas/Magnum ; 110 R.Jones/Sinopix/Rea ;
111 © Hulton Deutsch/Corbis ; 112 © F. Perri/Cosmos, 113 © J. King/SPL/Cosmos

N° Projet : 11003670
Impression I.M.E. – 25110 Baume-les-Dames
Imprimé en France – 582571-01 mai 2006